花生连作障碍机理
及消减技术

万书波　郭　峰　等著

上海科学技术出版社

图书在版编目（CIP）数据

花生连作障碍机理及消减技术 / 万书波等著. -- 上
海：上海科学技术出版社，2024.5
ISBN 978-7-5478-6631-3

Ⅰ．①花… Ⅱ．①万… Ⅲ．①花生－连作障碍－研究
Ⅳ．①S565.2

中国国家版本馆CIP数据核字（2024）第089923号

花生连作障碍机理及消减技术

万书波　郭　峰　等著

上海世纪出版（集团）有限公司 出版、发行
上海科学技术出版社
（上海市闵行区号景路 159 弄 A 座 9F - 10F）
邮政编码 201101　　www.sstp.cn
上海展强印刷有限公司印刷
开本 787×1092　1/16　印张 11.5
字数：200 千字
2024 年 5 月第 1 版　2024 年 5 月第 1 次印刷
ISBN 978 - 7 - 5478 - 6631 - 3/S·281
定价：100.00 元

内容简介

　　本书共分 5 章,首先简要介绍了我国花生生产现状及发展趋势;接着详细论述了连作对花生生长发育与产量、土壤养分与土壤酶活性的影响,连作土壤及根际微生物变化及病害发生情况,微生物群落与花生连作障碍的关系;最后重点阐述了花生不同品种、肥料、杀虫剂、杀菌剂、生物菌(剂)、耕作制度等对消减花生连作障碍的作用及效果,并在此基础上创建了连作花生高产栽培技术。

　　本书理论与实践紧密结合,可供广大花生科技工作者、从事花生生产及管理者、农技人员、农业院校师生等阅读参考。

著作者名单

主　著

万书波　郭　峰

参　著

张佳蕾　李向东　王才斌　刘　苹

前　言

　　目前,我国植物油自给率仅约 30％,严重影响了全国植物油料的供给。花生作为我国重要的油料作物之一,在我国油料供给中占有重要地位。然而,为保障我国粮食的有效供给、避免"与粮争地",我国花生种植多集中于山地、丘陵等旱薄地,特别是一年一熟区和只能种一茬花生的区域,存在多年的花生连作障碍问题。花生是一种对连作方式比较敏感的作物。在连作条件下,花生植株发育不良、病虫害加重,减产明显。针对植物的连作问题,有多种理论与假设提出,如化感物质自毒、微生物菌落及营养失衡等,但是没有一个统一的观点;针对田间管理与治理措施,也是不一而足。而且,针对花生连作障碍问题,20 世纪 80 年代以前没有相关的系统研究报道。

　　20 世纪 80 年代初,本科研团队经过多次讨论,于 1984 年启动了花生连作方面的探索性研究。1991 年山东省科委立项"花生连作障碍及其对策的研究"课题,在此支持下,科研团队先后研究了连作对花生生长生育及产量、土壤养分的影响,不同连作年限对土壤及根际微生物区系、土壤酶活性的影响,以及缓解花生连作障碍的措施等。经过 10 余年的研究,该项目于 1997 年获山东省科技进步二等奖。之后,本研究先后得到国家科技攻关计划(2001BA507A - 07、2004BA520A16 - 04)、国家科技支撑计划(2006BAD21B04、2009BADA8B03、2014BAD11B04)、国家花生产业技术体系(CARS - 13 - 耕作制度岗位)、山东省花生产业技术体系(SDAIT - 04 - 05)、山东省农业农村专家顾问团、国家重点研发计划(2018YFD0201007、2018YFD1000902、2020YFD1000905、2022YFD1000105)、泰山学者攀登专家项目(tspd20221107)、国家自然科学基金(32272227)、山东省农业科学院"333"工程和"3237"工程等各级项目的支持,陆续开展了连作花生光合特点、不同花生品种对连作的响应,不同肥料、杀虫剂、杀菌剂、生物菌(剂)、耕作制度等对消减连作障碍作用的研究,以及连作花生根系分泌物及其化感作用的研究。以上述研究成果作为主要内容之一,先后获得 2008 年度国家科技进步二等奖和 2020 年度山东省科技进步二等奖。

花生连作障碍方面的研究是本科研团队自 20 世纪 80 年代初启动实施并持续进行的一项科研工作,已历经 40 年。本书系统总结了本科研团队的研究成果,较详细地阐述了我国花生生产现状、连作花生生长发育与光合作用表现、连作花生土壤环境(土壤营养、酶活性、微生物)与叶部主要病害变化情况,不同花生品种、肥料、杀虫剂、杀菌剂、生物菌(剂)、耕作制度等对消减花生连作障碍的作用及表现,以及花生连作高产综合技术措施等,并在关键环节配有必要的插图,便于读者和种植者阅读和掌握。本科研团队先后发表了一系列学术论文,获得授权多项国家专利,登记多项计算机软件著作权,制定了省级地方标准和农业行业标准,为消减花生连作障碍、提高花生产量提供了技术支撑。

本书的编写出版,除得到各级项目的资助外,团队老一辈专家封海胜和张思苏为摸清花生连作障碍的表现做了开创性工作,团队成员吴正锋、孙秀山、于天一、崔利、唐朝辉、王建国、刘兆新、张瑞福、张正、李新国、康建明等,以及历届研究生针对本书内容做了部分工作,在此一并表示感谢。

由于我国花生种植范围广泛,各地区自然条件和生产条件存在一定差异、分析与解决问题的角度不同,加之著作者水平所限,书中难免有错误和不足之处,敬请广大读者指正。

著作者

2024 年 2 月

目 录

第三章·花生连作土壤环境变化及叶部病害表现

—— 021 ——

第四章 · 消减花生连作障碍的措施及效果

第五章 · 连作花生高产栽培技术

—————————— 151 ——————————

第一章

中国花生生产现状

花生是中国的主要油料作物之一,总产量居世界首位,单产位居世界前列,种植面积仅次于印度,为全球种植面积第二大的国家。在中国的农作物中,花生种植面积列第七位,在油料作物中仅次于油菜。中国花生生产区域广泛,主要分布在黄河流域、长江流域、东北地区、东南沿海、云贵高原、西北等区域,其中以黄河流域及东北地区种植最为集中。中国花生传统上分为两大生产区,即北方生产区和南方生产区,其中北方花生生产区的面积、总产量分别约占全国的60%和65%,是全国重要的花生生产、加工及进出口基地。

一、中国花生种植面积情况

总体来看,中国花生种植面积呈现出增加、减少、增加的趋势。20 世纪 60 年代,受自然灾害和社会经济发展等因素的影响,花生面积下滑。20 世纪 70 年代之后,随着国家重视农业发展,以及改革开放提高了生产力,中国花生生产得到恢复并快速发展,到 1995 年面积达到 380.94 万 hm^2,之后出现小幅下滑,从 1998 年开始再次快速增加,到 2003 年花生种植面积达 505.68 万 hm^2,为历史最高纪录,也是截至 2021 年唯一一次突破 500 万 hm^2 的年份。之后,2003—2006 年面积持续下滑,2007—2021 年总体缓慢增加,但仍未恢复至 2003 年的水平(图 1-1)。

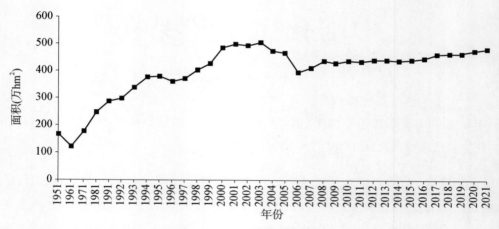

图 1-1 中国花生面积变化情况

(数据来源:中国统计年鉴,2017—2022)

近 10 年来,国内花生年均种植面积超过 10 万 hm^2 的有河南、山东、广东、辽宁、河北、四川、湖北、吉林、广西、江西、安徽、湖南等 12 个省份,合计占全国花生总面积的 86.5%。其中,河南、山东、广东、辽宁、河北、四川、湖北、吉林、广西的种植面积较大,年均种植面积超过 20 万 hm^2。2021 年河南和山东两省花生面积位居前两位,合计 192.46 万 hm^2,约占全国花生总面积的 40%。河南花生发展势头较猛,是唯一超过 100 万 hm^2 的省份;山东、河北、安徽 3 省份花生面积近年来有所下降(表 1-1)。

表1-1　中国花生主要产区播种面积

单位：万 hm²

年份	河南	山东	广东	辽宁	河北	四川	湖北	吉林	广西	江西	安徽	湖南	江苏
2012	100.71	78.71	34.32	35.96	35.45	26.20	23.98	14.15	18.88	16.07	18.75	11.06	9.59
2013	103.73	78.03	35.10	34.15	35.56	25.99	20.04	14.83	19.49	16.37	18.73	11.28	9.42
2014	105.83	75.53	35.74	30.56	35.25	26.11	19.85	15.04	20.43	16.26	19.04	11.45	9.16
2015	107.46	74.04	36.59	27.78	34.29	26.30	19.91	17.34	21.43	16.42	19.11	11.82	9.06
2016	112.82	73.97	36.90	28.13	34.23	26.44	20.61	20.67	22.13	16.38	18.31	11.83	9.39
2017	115.19	70.92	31.91	27.17	26.68	26.11	23.05	33.26	20.60	16.25	13.89	10.61	8.82
2018	120.32	69.53	33.25	28.61	28.50	25.81	23.26	24.49	21.15	16.73	14.42	10.92	9.84
2019	122.31	66.65	34.05	28.92	25.02	26.12	24.36	23.44	21.85	16.51	14.22	11.09	10.35
2020	126.18	65.09	34.76	30.62	24.60	28.34	24.87	23.92	22.33	17.14	14.58	11.27	9.97
2021	129.29	63.17	34.97	33.23	24.73	29.02	24.47	24.26	22.63	17.72	14.62	11.40	9.72
平均	114.38	71.56	34.76	30.51	30.16	26.73	22.44	21.14	21.09	16.59	16.57	11.27	9.53

数据来源：中国统计年鉴，2013—2022。

二、中国花生产量情况

　　花生产量与其种植面积密切相关，1951—2021年，除1992年、1997年、2003年和2006年产量略有下滑外，总体来看，中国花生产量呈现增加的趋势。1995年花生总产量首次突破1000万 t，约为1971年的4.6倍、1981年的2.7倍。之后，经过15年的发展，总产量持续增加，到2010年超过1500万 t，较1995年增加了50%。随着国家重视油料的发展，花生面积和总产量不断提高，到2021年总产量已经达到1830.8万 t，为历史最高（图1-2）。

　　自2012年以来，中国花生产量年均超过100万 t的省份有河南、山东、河北和广东4个，约占全国总产量的62.9%；辽宁、安徽、湖北、四川、吉林和广西6个省份的年均产量超过60万 t，约占全国总产量的26.6%。2016年河南产量突破500万 t后持续增加，至2020年达到594.9万 t，约占全国总产量的33.1%，是全国唯一一个年产量超过500万 t的省份。山东、河北花生产量下滑明显，2021年两省产量较2012年分别下降19.2%、24.1%，这与面积下降直接相关。近年来，广东、辽宁、安徽、湖北、四川、吉林、广西、江西、江苏、湖南等省份花生产量不同程度增加，2021年约占全国总产量的44.2%，对全国花生总产量提高起到积极的作用（表1-2）。

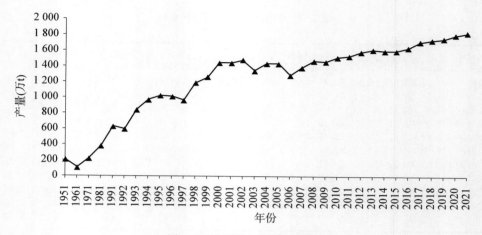

图 1-2　中国花生产量变化情况

（数据来源：中国统计年鉴，2017—2022）

表 1-2　中国花生主要产区产量

单位：万 t

年份	河南	山东	河北	广东	辽宁	安徽	湖北	四川	吉林	广西	江西	江苏	湖南
2012	454.0	348.7	126.9	95.5	116.5	86.9	74.3	64.8	46.7	51.3	44.8	36.0	27.8
2013	471.4	345.7	130.1	99.8	111.3	88.7	68.1	65.4	55.8	54.1	45.2	35.3	28.3
2014	471.3	331.3	129.2	104.3	62.0	94.4	69.1	66.6	54.6	57.6	45.7	34.8	29.5
2015	485.3	319.4	127.4	109.0	44.8	94.4	67.9	67.8	55.9	60.7	46.4	35.1	30.5
2016	509.2	321.6	129.7	111.9	77.7	90.7	71.7	68.8	66.8	64.9	46.5	36.7	30.6
2017	529.8	313.5	103.4	98.4	80.0	68.8	78.4	66.0	109.3	60.8	46.8	34.8	27.6
2018	572.4	306.7	98.5	104.4	76.8	71.1	80.7	67.7	80.3	62.7	48.1	39.3	28.5
2019	576.7	284.8	96.4	108.7	96.4	70.6	85.7	68.4	76.9	67.2	48.2	42.7	29.3
2020	594.9	286.6	96.8	112.1	98.7	72.3	87.1	73.8	78.3	69.2	50.9	40.6	29.9
2021	588.2	281.8	96.3	115.9	115.5	71.8	86.3	76.2	83.3	71.1	53.6	40.3	30.7
平均	525.3	314.0	113.5	106.0	88.0	81.0	76.9	68.6	70.8	62.0	47.6	37.6	29.3

数据来源：中国统计年鉴，2013—2022。

三、中国花生单产情况

近 10 年来，中国花生单产水平总体上是持续提高的，1994 年首次突破 2 500 kg/hm²，2002 年超过 3 000 kg/hm²，2011 年突破 3 500 kg/hm²，2021 年达到

$3810\,kg/hm^2$(图1-3),反映出中国花生生产水平不断提高。这得益于花生新品种的不断更新、栽培技术的持续创新、机械化程度及田间管理水平的不断提高、化肥与农药等投入品的质量及作用不断改善等多方面。在世界主要花生生产和出口国中,中国花生的平均单产水平较高,基本维持在世界平均水平的2倍以上。

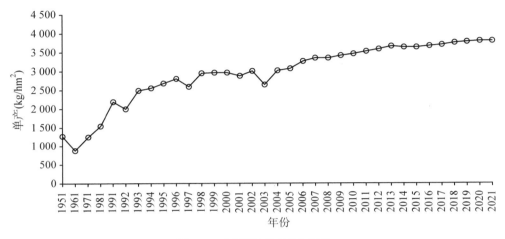

图1-3 中国花生单产变化情况

(数据来源:中国统计年鉴,2017—2022)

中国各省份花生单产水平存在一定差异,其中新疆花生单产水平最高,2020—2021年平均为$4911\,kg/hm^2$,这得益于当地良好的光、热自然条件。对于中国花生主产区而言,近10年来单产超过$4000\,kg/hm^2$的有安徽、河南和山东3个省份。近3年来,单产超过$3000\,kg/hm^2$的有安徽、河南、山东、江苏、河北、湖北、吉林、辽宁、广东、广西等10个省份,单产超过$3500\,kg/hm^2$的有安徽、河南、山东、江苏、河北、湖北等6个省份,单产超过$4000\,kg/hm^2$的有安徽、河南、山东、江苏4个省份。其中,安徽自2014年以来单产均超过$4900\,kg/hm^2$,为全国最高;其次为河南、山东,年均分别为$4587.0\,kg/hm^2$、$4387.7\,kg/hm^2$。总体来看,除新疆外,花生主产区中黄淮区域单产水平最高,其他区域均低于全国单产平均水平(表1-3)。

表1-3 中国花生主产区花生单产

单位:kg/hm^2

年份	安徽	河南	山东	江苏	河北	湖北	吉林	辽宁	广东	广西	江西	湖南	四川
2012	4 634	4 508	4 430	3 756	3 581	3 100	3 301	3 240	2 784	2 716	2 788	2 509	2 474
2013	4 734	4 544	4 430	3 745	3 658	3 400	3 765	3 259	2 845	2 776	2 761	2 510	2 516

（续表）

年份	安徽	河南	山东	江苏	河北	湖北	吉林	辽宁	广东	广西	江西	湖南	四川
2014	4 955	4 453	4 386	3 800	3 667	3 478	3 630	2 030	2 919	2 818	2 808	2 576	2 553
2015	4 941	4 516	4 314	3 871	3 716	3 410	3 223	1 612	2 980	2 832	2 827	2 579	2 579
2016	4 955	4 513	4 347	3 910	3 790	3 481	3 232	2 764	3 033	2 931	2 839	2 586	2 601
2017	4 951	4 599	4 421	3 946	3 876	3 400	3 285	2 945	3 084	2 951	2 879	2 600	2 527
2018	4 929	4 758	4 411	3 998	3 815	3 468	3 278	2 685	3 140	2 964	2 873	2 609	2 568
2019	4 962	4 715	4 273	4 125	3 855	3 518	3 282	3 335	3 192	3 076	2 920	2 640	2 583
2020	4 960	4 715	4 404	4 075	3 935	3 502	3 274	3 225	3 224	3 100	2 969	2 653	2 603
2021	4 913	4 549	4 461	4 142	3 894	3 526	3 433	3 475	3 314	3 144	3 022	2 692	2 628
平均	4 893	4 587	4 388	3 937	3 779	3 428	3 370	2 857	3 052	2 931	2 869	2 595	2 563

数据来源：中国统计年鉴，2013—2022。

四、中国连作花生生产情况

近年来，随着农业种植结构的调整，花生种植不断向规模化和集约化发展，花生的种植面积不断扩大，而花生产区相对集中导致主产区的连作面积有增大的趋势。2021 年全国花生种植面积达 480.5 万 hm²。据估算，每年全国花生连作面积 160 万～180 万 hm²，占总面积的 1/3 以上，特别是一年一作地区、丘陵旱地与沙地等不宜间、套轮作和复种其他作物的低产田，连作面积较为集中；很多地方已经形成传统的优势花生种植产业，常常多年连片大规模种植，有的甚至已连作 10～20 年。山东作为花生生产大省，以春花生为主，占全省播种面积的 80％以上，常年连作面积在 25 万 hm² 左右，由连作造成的减产在 15 万 t 以上，且主要集中在鲁东、鲁南地区。东北地区作为我国新兴的花生产区，主要集中在辽宁和吉林两省，2021 年两省花生面积合计达 57.5 万 hm²。该地区为典型的一年一熟区，存在大面积的连作花生。花生受连作胁迫时，植株瘦弱、矮小，生育不良，病虫害加重，荚果变小、品质下降，总生物量和荚果产量均显著降低，连作障碍已成为花生减产和质量下降的主要因素之一，限制了中国花生种植以及相关产业的可持续发展。20 世纪 80 年代，山东省农业科学院针对花生连作障碍表现及缓解措施开展研究，之后进一步对花生连作障碍机理等方面进行了较为深入、系统的研究，并取得了较大突破，对促进花生栽培学科的发展起到了积极的作用。

第二章

花生连作生长发育及光合作用表现

花生为豆科作物，着生根瘤、能自行固氮，其茬口较好，但连作明显影响花生的生长发育。连作对花生生长发育的影响主要表现在花生主茎降低、有效分枝减少、干物质积累减少，同时改变干物质的分配，根冠比增加，单株结果数减少，百果重降低，以致荚果产量严重减少。连作障碍对花生生长发育的影响贯穿整个生育期，并有随生育期推进而加重的趋势；另外，随着连作年限的延长，影响加重。

第一节
花生连作植株生长发育状况

一、连作对花生植株主茎高和干物质积累的影响

（一）连作对花生主茎高的影响

花生主茎高可在一定程度上反映个体生长的好坏，可以作为衡量花生生育状况的一项简易指标。1986—1990年，选用花37，采用盆栽共进行5年连作试验。1987年和1988年试验结果显示，连作1年主茎高较当年新取土矮4 cm以上，连作2年矮7 cm以上，比当年新取土分别降低16.7%～22.8%和26.9%。1989年连作2年主茎高较当年新取土矮3 cm以上，降低15.5%。1990年连作花生主茎高较当年新取土差异较小，这可能与当年的降雨较多、光照较弱等气候条件有关，但仍表现变矮的趋势（表2-1）。

表2-1　不同连作年限对花生主茎高的影响

年份	1987年		1988年		1989年		1990年	
	主茎高 (cm)	较当年新取土（%）	主茎高 (cm)	较当年新取土（%）	主茎高 (cm)	较当年新取土（%）	主茎高 (cm)	较当年新取土（%）
1986	14.25	−22.8	19.56	−26.9	17.50	−6.4	31.00	−4.6
1987	18.45		22.28	−16.7	15.80	−15.5	30.88	−5.0
1988			26.75		17.50	−6.4	32.00	−1.5

（续表）

年份	1987年		1988年		1989年		1990年	
	主茎高(cm)	较当年新取土(%)	主茎高(cm)	较当年新取土(%)	主茎高(cm)	较当年新取土(%)	主茎高(cm)	较当年新取土(%)
1989					18.70		31.75	−2.3
1990							32.50	

2003—2005 年，选用潍花 6 号，采用池栽进行连作试验。连作花生主茎高也显著降低，连作 1 年和连作 2 年的花生主茎高分别比生茬矮 6.1 cm 和 14.5 cm，降低了 10.9％和 25.7％（图 2-1）。

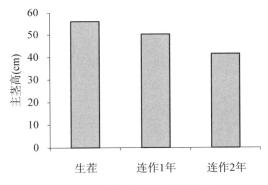

图 2-1 连作对花生主茎高的影响

花生连作抑制了花生植株生长，造成植株矮小，但年度间差异较大，所以以主茎高作为判断花生连作障碍的强弱指标易造成年度间的差异。

（二）连作对花生幼苗不同器官干物质积累与分配的影响

干物质积累是作物经济产量的基础，植株干重是干物质积累的重要体现。连作花生的植株干重显著下降，且连作年限越长降幅越大。连作 1 年花生幼苗单株干重为 2.24 g，比生茬减少 0.23 g、降低了 9.3％；连作 2 年比生茬减少 0.47 g、降低了 19.1％。

连作花生幼苗叶片干重约占全株干重的 1/2，茎次之（占 24％～29％），根较少（仅占 1/5 左右）。随连作年限延长，根干重占全株干重的比例增加，茎、叶所占比例减少，根冠比增加。根干重占全株干重的比例，连作 1 年为 17.4％、连作 2 年为 27.7％，分别比生茬增加 3.1 个百分点和 13.6 个百分点。根冠比连作 1 年为

0.21、连作 2 年为 0.38,分别比生茬增加 0.05 和 0.22(图 2-2)。这可能是花生对连作土壤的一种适应性反应。

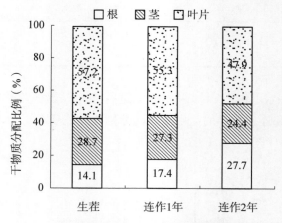

图 2-2　连作对花生幼苗干物质分配的影响

(三) 连作对花生植株总干物质积累的影响

花生总生物产量是经济产量的基础,单株总干物质可以充分反映植株生长的强弱。连作 1 年花生的总干物质即明显降低,降低幅度为 7.5%~27.1%;连作 2 年降低 17.8%~31.2%,有明显增加的趋势;连作 3 年降低 21.0%~26.6%,与连作 2 年基本一致(表 2-2)。连作对花生植株总干物质的影响较大,年度间差异较小,可以作为判断花生连作障碍强度的指标。

表 2-2　不同连作年限对花生植株总干物质积累的影响

年度	1987 年		1988 年		1989 年		1990 年	
	干重 (g/盆)	较当年新 取土(%)	干重 (g/盆)	较当年新 取土(%)	干重 (g/盆)	较当年新 取土(%)	干重 (g/盆)	较当年新 取土(%)
1986	72.25	−27.1	77.63	−31.2	62.89	−26.6	112.48	−12.9
1987	99.13		84.40	−25.2	70.42	−17.8	102.11	−21.0
1988			112.9		70.99	−17.15	98.38	−23.9
1989					85.68		119.49	−7.5
1990							129.18	

二、连作对花生根系生长发育的影响

（一）连作对花生根系活力的影响

连作 1 年和连作多年均显著降低花生苗期、花针期和结荚期的根系活力。连作 1 年对饱果成熟期的根系活力降低不显著，而连作多年会显著降低花生饱果成熟期的根系活力。随连作年限的增加，花生的根系活力呈下降趋势，且差异性在结荚期最显著，与生茬相比，连作 1 年下降 29.35%，连作多年下降 36.15%（表 2 - 3）。

表 2 - 3　连作对花生根系活力的影响

单位：μg TTC/（g FW・h）

处理	苗期	花针期	结荚期	饱果成熟期
生茬	53.93a	85.02a	132.41a	43.26a
连作 1 年	48.36b	69.80b	93.55b	42.97a
连作多年	40.94c	67.70b	84.55c	20.96b

注：同一列数据后不同小写字母表示差异显著（$P < 0.05$）。

（二）连作对花生根瘤数量的影响

植株根瘤的数量直接影响花生的固氮量，花生根瘤菌共生固氮一般可占到植株所需总氮量的 40%～50%，尤其是在结荚期能满足花生需氮量的 60% 左右。试验结果表明，连作（前 2 年连续种花生）对花生根瘤数量有明显的抑制作用。连作全生育期平均根瘤数比生茬（前 2 年连续种玉米）减少 7.2%。不同生育期连作导致根瘤数量减少的幅度不同，幼苗期、花针期、结荚期和成熟期分别比生茬减少 3.8%、7.6%、4.3% 和 13.7%，其中成熟期减幅最大（图 2 - 3）。连作会降低花生对大气中氮的利用效率，这无论从经济生产角度还是生态生产角度讲都是不利的。

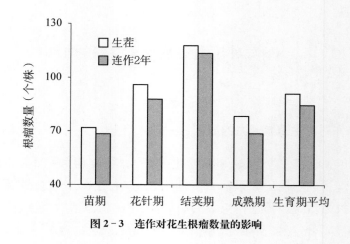

图 2-3　连作对花生根瘤数量的影响

三、连作对花生叶片活性氧代谢和可溶性蛋白质含量的影响

（一）连作对花生叶片丙二醛（MDA）含量的影响

MDA 是膜脂过氧化的最终产物，具有很强的毒性。它可与蛋白质或核酸反应，抑制蛋白质的合成；也可与酶反应，使其丧失活性。MDA 含量的高低可反映植株抗氧化能力和生理代谢的强弱。不同生育期连作花生叶片 MDA 含量明显高于轮作，并随连作年限增加而增加。全生育期，连作 1 年和连作 2 年叶片中 MDA 含量分别比轮作增加 7.0％和 11.5％（图 2-4A）。

（二）连作对花生叶片超氧化物歧化酶（SOD）活性的影响

SOD 是作物体内清除氧自由基的关键酶之一。逆境胁迫下，作物 SOD 活性通常与其抗氧化胁迫的能力呈正相关。连作会明显降低花生叶片 SOD 活性，并随连作年限的增加而逐渐降低。连作 1 年全生育期 SOD 活性平均为 287.6 U/g FW，比轮作低 9.8％；连作 2 年平均为 256.4 U/g FW，比轮作低 12.5％。不同生育期轮、连作差异以成熟期最大，其中连作 2 年较轮作低 20.7％（图 2-4B）。

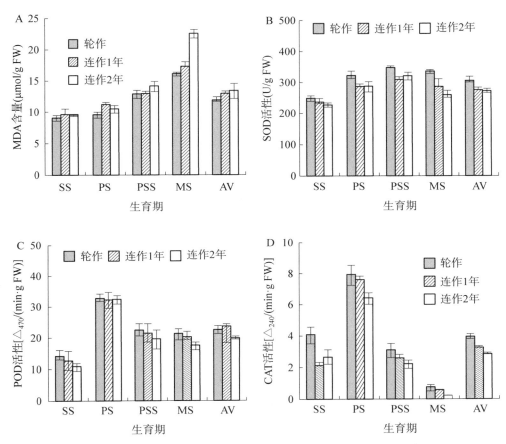

图 2 - 4　连作对潍花 6 号叶片 MDA 含量和 SOD、POD、CAT 活性的影响

SS—苗期；PS—花针期；PSS—结荚期；MS—成熟期；AV—全生育期平均值

(三) 连作对花生叶片过氧化物酶(POD)和过氧化氢酶(CAT)活性的影响

花生叶片 POD 活性在幼苗期较低，花针期最高，结荚期次之，成熟期略有下降。连作 2 年的花生全生育期平均 POD 活性比轮作降低 11.2%，但连作 1 年与轮作差异不大。不同连作年限间的差异主要表现在生育前期和中后期，而生育中前期的花针期相差不大(图 2 - 4C)。

不同连作年限对花生叶片中 CAT 活性影响很大。除花针期连作 1 年与轮作相差不大外，其余各生育期明显低于轮作，其中连作 1 年幼苗期、结荚期和成熟期 3 个时期 CAT 活性分别比轮作低 42.5%、14.0% 和 23.6%；连作 2 年幼苗期、花针期、结荚期和成熟期4个时期分别比轮作低33.9%、19.3%、27.3%和69.4%（图 2-4D）。

（四）连作对花生叶片可溶性蛋白质含量的影响

花生叶片中可溶性蛋白质含量全生育期表现为偏单峰曲线（图2-5）。自幼苗期开始上升，至花针期达到高峰，之后开始逐渐下降，直至成熟期。不同处理存在较大差异，连作1年和连作2年全生育期平均含量分别比轮作低12.0%和23.6%。各处理不同时期叶片可溶性蛋白质含量，连作1年在花生生育的前半期（幼苗期和花针期）与轮作差异不大，而进入生育后半期差异变得明显；连作2年，全生育期均明显低于轮作。

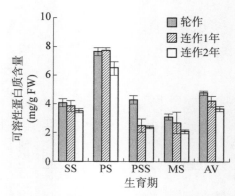

图2-5 连作对潍花6号叶片可溶性蛋白质含量的影响
SS—苗期；PS—花针期；PSS—结荚期；MS—成熟期；AV—全生育期平均值

（五）作物生长率（CGR）与 SOD、POD、CAT 酶活性及 MDA 和可溶性蛋白质含量的相关分析

作物生长率的高低与植株内部代谢水平关系密切。CGR与叶片中SOD关系最为密切，其次为POD，二者与CGR的相关系数分别达到极显著和显著水平，表明这两种酶活性的高低对植株生长的快慢影响最大；SOD与POD、POD与CAT和可溶性蛋白质相互间均呈显著或极显著正相关；MDA与CAT和可溶性蛋白质均呈显著负相关，表明花生活性氧代谢CAT的活性对

MDA 积累影响最大,而 MDA 的积累又直接影响了可溶性蛋白质的合成(表2-4)。

表 2-4　CGR、SOD、POD、CAT 酶活性及 MDA 和可溶性蛋白质含量相关分析

	SOD	POD	CAT	可溶性蛋白质	MDA
POD	0.5674*				
CAT	0.1137	0.7612**			
可溶性蛋白质	0.0988	0.7606**	0.9670**		
MDA	0.2240	−0.0979	−0.6339*	−0.5695*	
CGR	0.8569**	0.5861*	0.3344	0.2512	−0.1762

注:* 表示差异显著($P<0.05$);** 表示差异极显著($P<0.01$)。

第二节
花生连作光合作用表现

一、连作对花生叶面积系数的影响

只有植株叶面积适当、叶片厚绿、保持绿叶时间长,才能使花生性状良好。同时,叶片是花生光合作用的主要器官,也是干物质积累的基础。连作对花生叶面积系数的影响较大。连作花生全生育期叶面积系数平均值较生茬低 0.23,降低13.14%;幼苗期、花针期、结荚期和成熟期分别比生茬降低 4.17%、5.56%、9.04%和 15.60%,可见连作对花生后期叶面积系数的影响超过前期(表 2-5)。

表 2-5　连作对花生叶面积系数的影响

处理	苗期	花针期	结荚期	成熟期	全生育期
生茬	0.48	1.44	3.65	1.41	1.75
连作 2 年	0.46	1.36	3.32	1.19	1.52

二、连作对花生叶片叶绿素含量的影响

叶绿体是作物光合作用的细胞器,与作物光合作用及产量关系密切。连作花生全生育期叶片叶绿素含量平均为 6.29 mg/g,比生茬低 0.06 mg/g,降低了 0.01%。

连作对花生不同生育期叶片叶绿素含量的影响不同，幼苗期比生茬略高，花针期、结荚期和成熟期则均比生茬略低。由此可见，连作对花生叶片叶绿素含量的影响不明显（图2-6）。

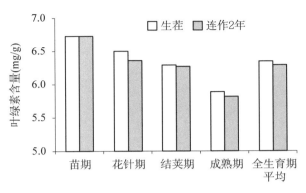

图2-6　连作对花生叶片叶绿素含量的影响

三、连作对花生叶片光合速率的影响

光合速率是反映作物叶片干物质生产能力的重要指标。连作降低花生的单叶光合速率和群体光合速率，并随生育期的推进而影响程度加重。连作花生单叶光合速率全生育期平均值为 $7.87\ mg\ CO_2/(dm^2 \cdot h)$，比生茬低 $0.18\ mg\ CO_2/(dm^2 \cdot h)$，降低 2.24%；苗期、花针期、结荚期和成熟期分别比生茬降低 0.36%、3.46%、2.58% 和 2.68%。连作花生群体光合速率全生育期平均值为 $2.24\ mg\ CO_2/(dm^2 \cdot h)$，比生茬低 $0.08\ mg\ CO_2/(dm^2 \cdot h)$，苗期、花针期、结荚期和成熟期分别比生茬降低 2.11%、1.30%、4.69% 和 5.31%（表2-6）。

表2-6　连作对花生光合速率的影响

单位：$mg\ CO_2/(dm^2 \cdot h)$

处理	单叶光合速率					群体光合速率				
	苗期	花针期	结荚期	成熟期	全生育期平均	苗期	花针期	结荚期	成熟期	全生育期平均
生茬	8.22	8.39	8.13	7.46	8.05	0.95	2.30	4.90	1.13	2.32
连作2年	8.19	8.10	7.92	7.26	7.87	0.93	2.27	4.67	1.07	2.24

第三节
花生连作产量表现

一、连作对花生结果状况的影响

单株结果数和千克果数是构成花生产量的主要因素,可以反映产量高低和增产潜力。表2-7显示,连作1年花生结果状况即明显变劣,单株结果数减少1.5%～22.1%,以1987年和1988年较为严重,分别减少19.1%和22.1%。连作2年,花生结果明显减少,单株结果数减少15.3%～25.7%;连作3年和4年,单株结果数的减少幅度与连作2年基本一致。由此可见,单株结果数可在一定程度上反映连作障碍的强度,但仍存在年度间差异大的弊端。

连作花生所结荚果明显变小,据1990年测定,连作1～4年,百果重分别降低19.0%、21.1%、25.1%和22.9%。连作花生单株幼果数、秕果数和饱果数,多数年份也明显减少,幼果数减少幅度为8.3%～45.8%,秕果数减少幅度为2.3%～31.9%,饱果数减少幅度为12.1%～44.4%,但年度间和处理间差异较大,不宜作为判断花生连作障碍强度的指标(表2-7)。

表2-7 不同连作年限对花生结果状况的影响

年度	连作年限	幼果		秕果		饱果		结果数		百果重	
		果数(个/株)	较当年新取土(%)	果数(个/株)	较当年新取土(%)	果数(个/株)	较当年新取土(%)	果数(个/株)	较当年新取土(%)	百果重(g)	较当年新取土(%)
1987	当年新取土	11.00		12.80		13.50		26.30			
	1年	19.80	+25.50	12.50	-2.30	8.80	-34.80	21.30	-19.10		

（续表）

年度	连作年限	幼果		秕果		饱果		结果数		百果重	
		果数 （个/株）	较当年 新取土 （%）	果数 （个/株）	较当年 新取土 （%）	果数 （个/株）	较当年 新取土 （%）	果数 （个/株）	较当年 新取土 （%）	百果 重（g）	较当年 新取土 （%）
1988	当年新取土	17.30		22.40		8.30		30.70			
	1 年	13.90	−22.30	14.60	−34.80	9.30	+12.00	23.90	−22.10		
	2 年	13.00	−24.90	15.90	−29.00	6.90	−16.90	22.80	−25.70		
1989	当年新取土	25.40		9.10		12.40		21.50			
	1 年	19.00	−25.20	9.30	+2.20	10.90	−12.10	20.20	−6.10		
	2 年	25.90	+2.00	8.80	−3.30	9.40	−24.20	18.20	−15.30		
	3 年	21.50	−15.40	9.50	+4.40	6.90	−44.40	16.40	−23.70		
1990	当年新取土	37.63		21.13		4.25		25.38		279	
	1 年	34.50	−8.30	19.63	−7.10	5.38	+26.60	25.01	−1.50	226	−19.00
	2 年	21.13	−45.80	14.38	−31.90	5.38	−26.60	19.76	−22.10	220	−21.10
	3 年	23.13	−38.50	19.63	−7.10	2.75	−35.30	22.38	−11.80	209	−25.10
	4 年	26.88	−28.60	18.50	−12.40	3.63	−14.60	22.13	−12.80	215	−22.90

二、连作对花生荚果产量的影响

根据表 2-8 所列试验结果可知，与当年新取土相比，连作 1 年，花生荚果产量即显著降低，平均减产 18.36%；连作 2 年，减产更加显著，平均减产 22.58%；连作 3 年继续减产，平均减产 23.84%；至连作 7 年，减产程度进一步加重，平均减产达 44.58%；连作 8 年和 9 年产量虽然有所回升，但减产幅度仍然达到 38.5%～41.46%，但是这两年新取土的产量也比较高，尤其是 1995 年，不排除受当年降雨等天气的影响。总体来看，随着连作年限的增加而减产越来越重，但在达到一定年限后，连作花生的荚果产量有趋于稳定的趋势。

种植花生的目的是为了获得较高的荚果产量。连作对花生荚果产量的影响较大，年度间比较平衡，且荚果产量比较容易测定。所以，在一定年限内以荚果产量作为判断花生连作障碍强度的指标是比较合理的。

表2-8 不同连作年限对花生荚果产量的影响

单位:g/盆

连作年限	1987年	1988年	1989年	1990年	1991年	1992年	1993年	1994年	1995年	平均
10年									50.43 (−41.46)	50.43 (−41.46)
9年								44.65 (−26.22)	42.41 (−50.77)	43.53 (−38.50)
8年							42.28 (−33.90)	35.93 (−40.63)	35.15 (−59.20)	37.79 (−44.58)
7年						42.01 (−21.94)	37.36 (−41.59)	38.07 (−37.10)	40.62 (−52.85)	39.52 (−38.37)
6年					33.69 (−31.66)	36.98 (−31.29)	41.28 (−35.46)	35.32 (−41.64)	59.41 (−31.04)	41.34 (−34.22)
5年				60.53 (−14.20)	40.64 (−17.57)	36.86 (−31.51)	46.28 (−27.64)	36.70 (−39.36)	52.49 (−39.07)	45.58 (−28.23)
4年			30.48 (−28.11)	60.33 (−14.49)	45.92 (−6.86)	39.10 (−27.35)	42.90 (−32.93)	45.60 (−24.65)	58.18 (−32.47)	46.07 (−23.84)
3年		45.15 (−26.88)	32.85 (−22.52)	54.10 (−23.32)	47.58 (−3.49)	43.41 (−19.34)	51.66 (−19.23)	43.93 (−27.41)	53.05 (−38.42)	46.47 (−22.58)
2年	38.65 (−32.82)	47.65 (−22.83)	38.68 (−8.77)	63.48 (−10.02)	50.54 (+2.52)	44.93 (−16.52)	55.51 (−13.21)	45.07 (−25.53)	53.35 (−38.07)	48.65 (−18.36)
当年新取土	57.53	61.75	42.40	70.55	49.3	53.82	63.96	60.52	86.15	60.66

注:( )内为较当年新取土(%)。

第三章

花生连作土壤环境变化及叶部病害表现

第一节
花生连作土壤营养状况

　　土壤养分含量决定土壤肥力,与作物产量密切相关;同时,土壤养分含量变化受耕作方式、种植制度等因素的影响。连作花生土壤中的氮(N)、磷(P)、钾(K)、铜(Cu)、铁(Fe)、锰(Mn)、锌(Zn)等速效养分均较多年轮作土明显减少,除 N 素外,其他养分均随连作年限的增加呈递减的趋势。与多年轮作土相比,速效 P 连作 3 年播前土壤减少 53%,收获后土壤减少 41.5%;速效 K 连作 5 年播前土壤减少 48.7%,收获后土壤减少 31.8%;Cu 连作 5 年播前土壤减少 22.5%,收获后土壤减少 44%;Fe 播前土壤减少 16.8%,收获后土壤减少 42.3%;Mn 播前土壤减少 36.6%,收获后土壤减少 30%;Zn 播前土壤减少 33.2%,收获后土壤减少 21.4%(表 3 - 1、表 3 - 2)。

表 3 - 1　花生不同连作年限土壤养分的变化(播种前)

单位:mg/kg

连作年限	土壤养分含量											
	N	P_2O_5	K_2O	Ca	S	B	Mo	Fe	Cu	Mg	Mn	Zn
多年轮作土	73	15.7	92.6	298	22.9	0.13	0.24	18.5	1.60	134	16.4	2.23
1 年	62	12.7	83.5	312	26.8	0.15	0.24	18.5	1.62	140	15.1	2.24
2 年	69	9.53	66.6	326	25.2	0.08	0.24	19.6	1.68	165	15.3	1.95
3 年	62	7.38	55.3	277	23.4	0.06	0.24	18.9	1.64	160	14.6	1.74
4 年	62	8.23	53.9	314	23.7	0.13	0.27	13.5	1.38	161	13.5	1.77
5 年	63	10.8	47.5	270	20.7	0.12	0.23	12.9	1.24	143	10.4	1.49

表3-2 花生不同连作年限土壤养分的变化（收获后）

单位:mg/kg

连作年限	土壤养分含量										
	P_2O_5	K_2O	Ca	S	B	Mo	Fe	Cu	Mg	Mn	Zn
多年轮作土	14.4	77.9	274	92.9	0.04	0.65	24.1	2.68	176	10.8	14.5
1年	9.69	67.9	311	95.6	0.07	0.22	16.1	1.81	162	8.75	10.2
2年	8.43	59.2	275	60.4	0.03	0.28	16.2	1.74	193	7.14	8.49
3年	6.33	55.3	297	92.6	0.09	0.26	16.8	1.84	189	8.22	9.64
4年	7.65	50.9	350	62.7	0.03	0.26	14.3	1.42	181	6.94	11.1
5年	7.54	53.1	293	73.2	0.04	0.27	13.9	1.50	180	7.56	11.4

第二节
花生连作土壤酶活性变化

一、不同连作年限花生播种前和收获后土壤酶活性的变化

随着连作年限的增加,花生播种前碱性磷酸酶、蔗糖酶、脲酶的活性降低。其中,碱性磷酸酶活性降低最为严重,与多年轮作土相比,连作 1 年降低 15.4%,连作 2 年降低 20% 以上,连作 3 年降低近 30%,连作 4 年和 5 年降低均超过 35%;蔗糖酶次之,连作 3 年降幅达 10% 以上;脲酶也有所降低,连作 3 年降低 9.8%;过氧化氢酶不同连作年限间变化不大,提高和降低幅度均不超过 5%(表 3-3)。

表 3-3　花生不同连作年限土壤酶活性的变化(播种前)

连作年限	碱性磷酸酶		蔗糖酶		脲酶		过氧化氢酶	
	酚[mg/(g·24 h)]	较多年轮作土(%)	葡萄糖[mg/(g·24 h)]	较多年轮作土(%)	NH_4-N[mg/(g·24 h)]	较多年轮作土(%)	0.1 N $KMnO_4$[mg/(g·24 h)]	较多年轮作土(%)
多年轮作土	1.23		29.2		0.479		3.79	
1 年	1.04	−15.4	30.0	+0.3	0.487	+0.02	3.85	+1.6
2 年	0.95	−22.8	27.0	−7.5	0.464	−3.1	3.97	+4.7
3 年	0.87	−29.3	25.5	−12.7	0.432	−9.8	3.70	−2.4
4 年	0.77	−37.4	24.5	−16.1	0.425	−11.3	3.84	+1.3
5 年	0.78	−36.6	26.2	−10.3	0.445	−7.1	3.89	+2.6

花生收获后,不同连作年限的土壤酶活性变化与播种前呈同一趋势,碱性磷酸

酶、蔗糖酶、脲酶的活性均随连作年限的增加而降低。碱性磷酸酶活性较多年轮作土，连作 2 年降低 16.5%，连作 3 年降低 25.2%，连作 4 年和 5 年降低均超过 35%。连作 5 年，蔗糖酶活性较多年轮作土降低近 20%，脲酶活性降低近 10%。过氧化氢酶活性提高和降低平均不超过 5%（表 3-4）。

表 3-4　花生不同连作年限土壤酶活性的变化（收获后）

连作年限	碱性磷酸酶		蔗糖酶		脲酶		过氧化氢酶	
	酚[mg/ (g· 24 h)]	较多年 轮作土 (%)	葡萄糖 [mg/ (g·24 h)]	较多年 轮作土 (%)	NH_4-N[mg/ (g·24 h)]	较多年 轮作土 (%)	0.1 N $KMnO_4$[mg/ (g·24 h)]	较多年 轮作土 (%)
多年轮作土	1.27		26.2		0.517		3.75	
1 年	1.24	-2.4	27.0	+3.1	0.517	0	3.81	+0.016
2 年	1.06	-16.5	25.0	-4.6	0.511	-1.2	3.91	+4.300
3 年	0.95	-25.2	25.5	-2.8	0.485	-6.2	3.64	-2.900
4 年	0.80	-37.0	24.5	-6.5	0.479	-7.4	3.80	+1.300
5 年	0.77	-39.4	21.4	-18.2	0.468	-9.5	3.74	-0.003

二、土壤酶活性与土壤养分的相关性

连作花生土壤碱性磷酸酶、蔗糖酶、脲酶的活性与 N、P_2O_5、K_2O、Cu、Fe、Mn、Zn 等养分呈正相关关系，其中与花生播种前的 P_2O_5、K_2O、Zn 含量呈显著或极显著正相关，表明碱性磷酸酶、蔗糖酶、脲酶参与了土壤中的生物化学过程，也参与了土壤有效肥力的形成。过氧化氢酶与土壤养分相关性不显著（表 3-5）。

表 3-5　土壤酶活性与土壤养分的相关性

酶种类	N	P_2O_5		K_2O		Cu		Fe		Mn		Zn	
	播前	播前	收后	播前	收后	播前	收后	播前	收后	播前	收后	播前	收后
碱性磷酸酶	0.751	0.842*	0.761	0.968**	0.930**	0.617	0.785	0.337	0.739	0.783	0.765	0.884*	0.259
蔗糖酶	0.439	0.850*	0.448	0.892*	0.644	0.461	0.545	0.340	0.530	0.522	0.518	0.822*	0.019
脲酶	0.521	0.827*	0.962	0.877*	0.839*	0.485	0.668	0.376	0.637	0.532	0.584	0.825*	0.096
过氧化氢酶	0.191	0.062	0.148	-0.065	0.080	-0.162	-0.024	-0.032	-0.150	-0.214	-0.314	-0.035	-0.306

注：* 表示显著相关；** 表示极显著相关。

三、土壤酶活性与花生总干物质和荚果产量的相关性

播种前土壤的碱性磷酸酶、蔗糖酶、脲酶活性与总干物质重呈显著正相关,与荚果产量呈正相关,其中碱性磷酸酶达显著水平;收获后土壤的碱性磷酸酶、蔗糖酶、脲酶活性与总干物质重和荚果产量多呈极显著正相关,过氧化氢酶与总干物质重和荚果产量均相关不显著(表3-6)。

表3-6　土壤酶活性与花生总干物质重和荚果产量的相关性

酶种类	总干物质重		荚果产量	
	播种前	收获后	播种前	收获后
碱性磷酸酶	0.9163**	0.9846**	0.8285*	0.9226**
蔗糖酶	0.8619*	0.8648*	0.6815	0.9518**
脲酶	0.8271*	0.9189**	0.6756	0.9290**
过氧化氢酶	−0.2240	0.0659	−0.1984	0.1859

注:＊表示显著相关;＊＊表示极显著相关。

第三节
花生连作土壤及根际微生物变化

一、花生不同连作年限土壤及根际主要微生物类群的变化

(一) 土壤微生物主要类群的变化

由于连作花生的根系分泌物、脱落物、残留在土壤中的花生植株残体,以及栽培管理方法的不同,形成了特定的连作花生土壤微生物区系。其突出特点是:真菌随连作年限的增加而大量增加,细菌和放线菌随连作年限的增加而大量减少(表3-7)。连作1年,土壤中的真菌数量比当年新取土(多年轮作土)增加140%,连作4年增加220%。连作2年,土壤中的细菌数量较当年新取土减少41.5%,连作3年减少54.9%。连作1年,土壤中的放线菌数量较当年新取土减少37.3%,连作3年减少50%以上。以上研究结果表明,土壤微生物内各类群的平衡发生了较大改变。当年新取土细菌与真菌的比值为1644,而连作3年其比值变为290,可见连作使土壤由细菌型向真菌型发展,从而使地力衰竭,花生生长不良、植株矮小。

表3-7 花生不同连作年限土壤微生物区系的变化

单位:个/(g干土)

连作年限	真菌	细菌	放线菌
当年新取土	0.5×10^4	8.2×10^6	7.5×10^5
1年	1.2×10^4	8.2×10^6	4.7×10^5

连作年限	真菌	细菌	放线菌
2 年	1.3×10^4	4.8×10^6	3.8×10^5
3 年	1.3×10^4	3.7×10^6	3.3×10^5
4 年	1.6×10^4	4.4×10^6	2.5×10^5
5 年	1.5×10^4	4.4×10^6	2.6×10^5

（二）根际微生物主要类群的变化

花生连作造成植株长势及根系活力的差异，以及土壤本身和土壤中微生物基数的差异，从而引起根际微生物主要类群的显著变化，其趋势与土壤微生物主要类群的变化较为一致。在花生的花针期、结荚期和成熟期 3 个生育期中，真菌、细菌和放线菌的数量，各处理的变化均以花针期最为明显。

1. 根际真菌数量的变化

花生根际真菌数量的变化，总的趋势是随着连作年限的增加而增加。其中，以花针期尤为突出，连作 2 年增加 37.5％，连作 3 年增加 181.3％，连作 4 年增加 212.5％；成熟期次之，连作 1 年增加 28.1％，连作 2 年增加 118.8％；各处理均以结荚期数量最多（表 3-8）。真菌数量的增加，表明土壤有机质和潜在养分的释放量减少。

表 3-8　花生不同连作年限根际真菌数量的变化

单位：个/（g 干土）

连作年限	花针期	结荚期	成熟期
当年新取土	1.6×10^4	8.2×10^4	3.2×10^4
1 年	1.6×10^4	7.4×10^4	4.1×10^4
2 年	2.2×10^4	9.8×10^4	7.0×10^4
3 年	4.5×10^4	6.2×10^4	4.6×10^4
4 年	5.0×10^4	10.0×10^4	4.2×10^4
5 年	6.1×10^4	17.3×10^4	5.0×10^4

2. 根际细菌数量的变化

花生根际细菌数量的变化，总的趋势是随着连作年限的增加而减少。其中，连作 1 年减少 5.1％～15.1％，连作 3 年减少 14.5％～82.0％；各处理的细菌数量均以花针期最多,结荚期和成熟期相继减少(表3-9)。

表3-9 花生不同连作年限根际细菌数量的变化

单位:个/(g干土)

连作年限	花针期	结荚期	成熟期
当年新取土	58.6×10^6	36.4×10^6	29.2×10^6
1 年	55.6×10^6	36.5×10^6	24.8×10^6
2 年	42.6×10^6	35.2×10^6	22.7×10^6
3 年	50.1×10^6	36.1×10^6	19.7×10^6
4 年	45.8×10^6	29.1×10^6	21.2×10^6
5 年	44.5×10^6	17.4×10^6	16.9×10^6

3. 根际放线菌数量的变化

花生根际放线菌数量的变化,总的趋势是随连作年限的增加而减少,尤以花针期较为明显。其中,连作2年减少37.1%,连作3年以上则减少50%以上;各处理的放线菌数量均以花针期和结荚期减少较多,成熟期减少较少(表3-10)。放线菌中有许多菌种能分泌抗菌素,故连作花生病害较重应与放线菌数量的减少有一定的关系。

表3-10 花生不同连作年限根际放线菌数量的变化

单位:个/(g干土)

连作年限	花针期	结荚期	成熟期
当年新取土	17.5×10^5	9.1×10^5	5.4×10^5
1 年	5.1×10^5	7.1×10^5	5.4×10^5
2 年	11.0×10^5	6.9×10^5	5.6×10^5
3 年	8.1×10^5	7.1×10^5	3.1×10^5
4 年	5.2×10^5	9.3×10^5	4.2×10^5
5 年	4.9×10^5	8.5×10^5	4.7×10^5

(三) 土壤硝化细菌的变化

硝化作用是土壤氮素生物学循环中的一个主要环节,其对土壤肥力和植物土壤营养起着重要作用。在花针期,花生土壤亚硝酸细菌和硝酸细菌均随着连作年限的增加而显著减少。其中,连作1年,土壤中的亚硝酸细菌减少38.1%,硝酸细菌减少33.1%;连作2年,亚硝酸细菌和硝酸细菌均减少80%以上(表3-11)。

表 3 - 11　花针期花生不同连作年限土壤硝化细菌和根际芽孢细菌的变化

单位：个/(g 干土)

连作年限	亚硝酸细菌	硝酸细菌	根际芽孢细菌
当年新取土	4.2×10^4	1.6×10^4	0.24×10^5
1 年	2.6×10^4	1.07×10^4	1.01×10^5
2 年	0.83×10^4	0.28×10^4	5.04×10^5
3 年	0.27×10^4	0.112×10^4	24.52×10^5
4 年	0.41×10^4	0.162×10^4	10.37×10^5
5 年	0.31×10^4	0.153×10^4	7.33×10^5

（四）根际芽孢细菌的变化

不同连作年限花生根际土壤芽孢细菌数量的变化很大。其中，连作 1 年土壤芽孢细菌数量为当年新取土的 4 倍，连作 3 年为当年新取土的 102.2 倍；连作 4 年、5 年，土壤芽孢细菌数量又呈减少的趋势（表 3 - 11）。

二、花生不同连作年限土壤及根际主要微生物类群与土壤养分的相关性

（一）主要土壤微生物类群与土壤养分的相关性

土壤中的细菌、放线菌、真菌等微生物类群，对土壤肥力的形成、植物营养的转化起着重要的作用。经对不同连作年限花生主要土壤微生物类群数量与不同连作年限花生播种施肥前土壤速效养分的相关性分析发现：真菌数量与 P_2O_5、K_2O 含量呈显著负相关；细菌、放线菌数量均与 P_2O_5、Zn 含量呈显著正相关，与 K_2O 含量呈极显著正相关（表 3 - 12）。以上研究表明，因连作所增加的真菌，可能多是与营养转化无关的种，而所减少的细菌和放线菌则多是与营养转化有关的种。

表 3 - 12　主要土壤微生物类群与土壤养分的相关性

微生物类群	N	P_2O_5	K_2O	Ca	S	B	Mo	Fe	Cu	Mg	Mn	Zn
真菌	−0.8026	−0.8211*	−0.8646*	−0.0373	−0.0587	−0.1702	0.3143	−0.5609	−0.4969	0.6285	−0.6919	−0.7215
细菌	0.4491	0.9032*	0.9364**	0.3032	0.4239	0.6852	−0.1753	0.3729	0.3449	−0.7811	0.5552	0.8829*
放线菌	0.7829	0.8668**	0.9327**	0.1621	0.1777	0.2944	−0.2533	0.5679	0.5081	−0.6562	0.7252	0.8188*

注：* 表示显著相关；** 表示极显著相关。

（二）花生不同生育期根际微生物主要类群与土壤养分的相关性

根际微生物大量聚集在花生根系周围，它们与花生营养物质的转化和吸收有非常密切的关系。由于连作引起了花生根际微生物主要类群的变化，从而对花生收获后的土壤养分也有一定的影响。

1. 花生花针期根际微生物主要类群与土壤养分的相关性

在花生花针期，根际的真菌数量与土壤中的 K_2O 含量呈显著负相关；根际的细菌数量与土壤中的 K_2O、S 呈显著正相关，与 Mn 呈极显著正相关；根际的放线菌数量与土壤中的速效 Mo、Cu 呈显著正相关，与 Fe 呈极显著正相关（表3 - 13）。

表 3 - 13　花针期根际微生物主要类群与土壤养分的相关性

微生物类群	P_2O_5	K_2O	Ca	S	B	Mo	Fe	Cu	Mg	Mn	Zn
真菌	−0.6933	−0.8393*	0.4184	−0.3811	−0.0378	−0.4238	−0.6236	−0.6693	0.3348	−0.5867	−0.1019
细菌	0.7380	0.8492*	0.0360	0.8758*	0.4025	0.5986	0.7553	0.7903	−0.6703	0.9201*	0.6223
放线菌	0.7835	0.7368	−0.6761	0.2279	−0.2011	0.9032*	0.9276**	0.9017*	0.1882	0.7161	0.5264

注：* 表示显著相关；** 表示极显著相关。

2. 花生结荚期根际微生物主要类群与土壤养分的相关性

在花生结荚期，根际的真菌数量与土壤中的 P_2O_5、K_2O、Ca、S、B、Mo、Fe、Cu、Mn 等呈负相关；根际的细菌数量与土壤中的 P_2O_5、K_2O、S、B、Mo、Fe、Cu、Mn 等呈正相关，与 Ca、Mg、Zn 呈负相关；根际的放线菌数量与土壤中的 P_2O_5、K_2O、Ca、Mo、Fe、Cu、Mn、Zn 等呈正相关，与 S、B、Mg 呈负相关，但均未达到显著水平（表3 - 14）。

表 3 - 14　结荚期根际微生物主要类群与土壤养分的相关性

微生物类群	P₂O₅	K₂O	Ca	S	B	Mo	Fe	Cu	Mg	Mn	Zn
真菌	−0.211 0	−0.414 7	−0.029 7	−0.497 7	−0.528 6	−0.144 6	−0.441 8	−0.441 6	0.081 2	−0.377 5	0.104 9
细菌	0.361 8	0.563 0	−0.186 8	0.433 3	0.376 6	0.051 0	0.545 7	0.552 4	−0.055 2	0.436 9	−0.103 6
放线菌	0.374 3	0.042 7	0.344 8	−0.176 2	−0.552 5	0.507 8	0.227 9	0.140 5	−0.156 5	0.199 3	0.790 3

表头中的 P₂O₅、K₂O 等分别以 P_2O_5、K_2O 表示。

3. 花生成熟期根际微生物主要类群与土壤养分的相关性

在花生成熟期,根际的真菌数量与土壤中的 P_2O_5、K_2O、Ca、S、B、Mo、Fe、Cu、Mn、Zn 等均呈负相关;根际的细菌数量与土壤中的 P_2O_5、K_2O、Fe、Cu 等呈显著正相关;根际的放线菌数量与土壤中的 P_2O_5、K_2O、Mo、Fe、Cu、Mn、Zn 等呈正相关,与 Ca、S、B、Mg 等呈负相关(表 3 - 15)。

表 3 - 15　成熟期根际微生物主要类群与土壤养分的相关性

微生物类群	P₂O₅	K₂O	Ca	S	B	Mo	Fe	Cu	Mg	Mn	Zn
真菌	−0.506 6	−0.458 7	−0.286 4	−0.662 1	−0.254 3	−0.488 1	−0.483 8	−0.473 3	0.649 1	−0.679 8	−0.783 8
细菌	0.900 6*	0.916 6*	−0.284 5	0.417 4	−0.105 2	0.726 4	0.843 3*	0.833 4*	−0.396 7	0.777 1	0.512 6
放线菌	0.633 3	0.591 5	−0.393 5	−0.118 1	−0.553 7	0.323 8	0.298 8	0.320 0	−0.357 7	0.269 4	0.180 6

注:＊表示显著相关。

(三) 花针期土壤硝化细菌的变化与土壤养分的相关性

土壤中的硝化作用使氨氧化为亚硝酸,亚硝酸氧化为硝酸,硝酸在土壤中的流动性强,便于植物吸收;NO_3^- 能使植物难以利用的某些盐的溶解性提高。花生花针期土壤中的亚硝酸细菌数量、硝酸细菌数量,以及两者的总数量,均与土壤中的 P_2O_5、K_2O 含量呈极显著正相关,与土壤中的 Fe、Cu、Mn 含量呈显著正相关(表 3 - 16)。

表 3 - 16　花针期土壤硝化细菌的变化与土壤养分的相关性

硝化细菌	P₂O₅	K₂O	Ca	S	B	Mo	Fe	Cu	Mg	Mn	Zn
亚硝酸细菌	0.960 2**	0.980 5**	−0.367 9	0.587 5	−0.035 9	0.773 6	0.853 5*	0.871 8*	−0.585 6	0.907 9*	0.680 4
硝酸细菌	0.946 4**	0.975 1**	−0.342 5	0.614 7	0.019 3	0.744 3	0.828 3*	0.851 3*	−0.631 7	0.906 7*	0.677 5
合计	0.956 7**	0.979 4**	−0.361 0	0.595 3	−0.027 9	0.765 7	0.846 8*	0.866 4*	−0.598 7	0.907 9*	0.679 9

注:＊表示显著相关;＊＊表示极显著相关。

三、花生不同连作年限土壤及根际主要微生物类群与主要土壤酶活性的相关性

（一）土壤主要微生物类群数量与主要土壤酶活性的相关分析

土壤主要微生物类群数量与主要土壤酶中的碱性磷酸酶、蔗糖酶和脲酶活性有着极大关系。其中，真菌数量与碱性磷酸酶活性关系极其密切，呈极显著负相关。细菌数量与蔗糖酶活性关系极其密切，呈极显著正相关；与碱性磷酸酶、脲酶活性关系密切，呈显著正相关。放线菌数量与碱性磷酸酶活性关系极其密切，呈极显著正相关。真菌、细菌和放线菌数量与过氧化氢酶活性关系不大（表 3 - 17）。

表 3 - 17　土壤主要微生物类群与主要土壤酶活性的相关性

微生物类群	碱性磷酸酶	蔗糖酶	脲酶	过氧化氢酶
真菌	−0.995 4**	−0.707 8	−0.676 6	0.276 8
细菌	0.861 9*	0.933 5**	0.893 9*	−0.002 2
放线菌	0.983 9**	0.784 1	0.758 7	−0.194 8

注：* 表示显著相关；* * 表示极显著相关。

（二）根际主要微生物类群数量与主要土壤酶活性的相关分析

花针期根际真菌数量与主要土壤酶中的碱性磷酸酶、蔗糖酶和脲酶活性关系密切，呈显著正相关；根际微生物主要类群数量与过氧化氢酶活性无明显相关关系。结荚期根际微生物主要类群数量对主要土壤酶活性影响不大。成熟期根际细菌数量与碱性磷酸酶活性关系十分密切，呈极显著正相关；放线菌数量与脲酶活性关系密切，呈显著正相关（表 3 - 18）。

表 3 - 18　土壤主要微生物类群与土壤酶活性的相关性

生育期	微生物类群	碱性磷酸酶	蔗糖酶	脲酶	过氧化氢酶
花针期	真菌	−0.877 0*	−0.825 8*	−0.860 7*	−0.116 1
	细菌	0.810 6	0.735 5	0.602 3	−0.554 2
	放线菌	0.797 0	0.400 9	0.436 0	−0.135 3

生育期	微生物类群	碱性磷酸酶	蔗糖酶	脲酶	过氧化氢酶
结荚期	真菌	−0.488 5	−0.280 3	−0.227 4	0.520 5
	细菌	0.646 1	0.440 5	0.431 7	−0.307 9
	放线菌	0.012 7	−0.208 3	−0.245 5	−0.134 2
成熟期	真菌	−0.380 3	−0.285 9	−0.124 0	0.677 7
	细菌	0.915 8*	0.717 4	0.746 0	0.043 1
	放线菌	0.570 3	0.708 7	0.815 7*	0.716 0

注：* 表示显著相关。

四、花生不同连作年限土壤及根际主要微生物类群与产量的相关性

（一）土壤主要微生物类群与花生产量的相关性

经对不同连作年限土壤中的真菌、细菌、放线菌数量与花生产量的相关分析发现：土壤中的真菌数量与花生的总干物质重和荚果产量均呈负相关；细菌和放线菌数量与花生的总干物质重和荚果产量均呈正相关，且与总干物质重的相关性均达显著水平（表3－19）。

表3－19　土壤主要微生物类群与花生产量的相关性

微生物类群	总干物质重	荚果产量
真菌	−0.803 1	−0.680 4
细菌	0.815 1*	0.657 8
放线菌	0.845 5*	0.729 4

注：* 表示显著相关。

（二）花生不同生育期根际主要微生物类群与花生产量的相关性

根际微生物既可为植物提供营养，又可分泌维生素和生长刺激素，促进植物生长，有的微生物还可抑制植物病菌的生长；但也有的微生物能引起植物病害或分泌毒素，不利于植物生长。对花生不同生育期根际主要微生物类群与花生产量的相关性

分析发现:花针期根际的真菌数量与花生的总干物质重和荚果产量均呈极显著负相关,细菌数量与总干物质重呈显著正相关。结荚期根际的真菌数量与荚果产量呈显著负相关;细菌数量与总干物质重呈显著正相关,与荚果产量呈极显著正相关。成熟期根际的细菌数量与花生总干物质重和荚果产量呈显著正相关(表3-20)。

表3-20 不同生育期根际主要微生物类群与花生产量的相关性

微生物类群	花针期		结荚期		成熟期	
	总干物质重	荚果产量	总干物质重	荚果产量	总干物质重	荚果产量
真菌	-0.9208^{**}	-0.9309^{**}	-0.7011	-0.8587^{*}	-0.3090	-0.1693
细菌	0.8152	0.6638	0.8147^{*}	0.9581^{**}	0.8438^{*}	0.8352^{*}
放线菌	0.5819	0.5712	-0.3374	-0.3828	0.4303	0.3448

注:*表示显著相关;**表示极显著相关。

(三) 花针期土壤硝化细菌的变化与花生产量的相关性

在旱田土壤中,硝化强度可作为土壤肥力的指标。由于花生连作,土壤中硝化细菌的变化对花生的产量也有一定的影响。花针期硝化细菌数量与花生产量的相关性分析表明:亚硝酸细菌和硝酸细菌数量以及两者数量之和,均与花生的总干物质重呈显著正相关(表3-21)。

表3-21 花针期土壤硝化细菌数量与花生产量的相关性

硝化细菌	总干物质重	荚果产量
亚硝酸细菌	0.8289^{*}	0.6881
硝酸细菌	0.8287^{*}	0.6765
合计	0.8292^{*}	0.6851

注:*表示显著相关。

五、土壤微生物与连作、轮作花生的相互效应

试验在山东省花生研究所莱西盆栽场进行,采用筒状陶瓷盆,每盆装风干土15 kg。试验设土壤微生物对连作、轮作花生的效应(试验1),连作、轮作花生对土壤及根际微生物区系的影响(试验2)两部分。

1986 年将取自同一地块的耕作层土壤过筛拌匀后,均匀地摊放于 2 个预先挖好的池子内,灌水沉实后整成活土层 30 cm 厚的取土池。一个池子按照休闲-甘薯-玉米 3 年轮作制在其上种植作物,作为轮作土取土池;另一个池子连续种植花生,作为连作土取土池。

试验 1 做了无菌与有菌连作、轮作土壤栽培试验。试验于 1990—1992 年连续进行 3 年,每年均取等量的连作 3 年土和多年轮作土,再将 2 种土各取一半进行高压灭菌,灭菌后用 1% 浓度土壤悬液接种培养,未见菌落形成,证明灭菌效果可靠后进行装盆。装盆前先将瓷盆清洗干净,再用 75% 乙醇擦洗灭菌。试验设灭菌连作土、灭菌轮作土、有菌连作土、有菌轮作土 4 个处理,4 次重复。统一施肥和播种。

试验 2 于 1991 年进行,设 3 年以上连作土和多年轮作土 2 个处理,重复 7 次。于花生播种施肥前取土样做了播前土壤微生物的培养计数;于花针期、结荚期、成熟期做了根际土壤微生物的培养计数。真菌培养采用 Czapek 培养基,细菌培养采用牛肉蛋白胨琼脂培养基,放线菌培养采用淀粉铵琼脂培养基。真菌、细菌、放线菌的计数均采用稀释平板法。

(一) 土壤微生物对连作、轮作花生植株性状的影响

在灭菌土壤上,不论连作还是轮作,花生生长不良,植株矮小,分枝数与结果数减少。连作花生的主茎高、侧枝长、单株总分枝数,灭菌处理较不灭菌处理分别降低或减少 17.98%、10.70% 和 13.13%,单株结果数减少 27.31%,饱果数减少 40.39%。轮作花生的主茎高、侧枝长、单株总分枝数,灭菌处理较不灭菌处理分别降低或减少 18.52%、13.30% 和 17.86%,单株结果数减少 32.68%。值得注意的是,连作花生与轮作花生植株性状的差异,在灭菌土壤上较不灭菌土壤上明显减少:在灭菌土壤上,连作花生的侧枝长较轮作仅短 1.15%,总分枝数仅减少 2.5%,单株结果数减少 12.34%;在不灭菌土壤上,连作花生的侧枝长、总分枝数、单株结果数较轮作分别减少 4.13%、7.8% 和 18.81%,其减少幅度分别是灭菌土壤的 3.6 倍、3.1 倍和 1.5 倍(表 3 - 22),这一差异显然是由土壤微生物引起的。

表 3 - 22　土壤微生物对连作、轮作花生植株性状的影响

处理	主茎高 (cm)	侧枝长 (cm)	总分枝数 (条)	单株果数(个)		
				饱果	秕果	合计
灭菌轮作	16.59	20.78	8.28	4.29	10.13	14.42
灭菌连作	15.42	20.54	8.07	3.66	9.62	12.64
有菌轮作	20.36	23.99	10.08	6.31	15.11	21.42
有菌连作	18.80	23.00	9.29	6.14	11.25	17.39

（二）土壤微生物对连作、轮作花生产量的影响

土壤微生物对连作、轮作花生的荚果产量和总生物产量均有显著影响。在灭菌土壤上，花生的荚果产量和总生物产量均显著降低。连作时，灭菌处理较不灭菌处理的荚果产量减产 37.32％，总生物产量 3 年平均减产 35.44％；轮作时，灭菌处理较不灭菌处理的荚果产量减产 40.99％，总生物产量减少 41.96％。连作花生的荚果产量和总生物产量在灭菌土壤上的减产幅度较在不灭菌土壤上明显降低。在灭菌土壤上，荚果产量较轮作减产 5.1％，总生物产量较轮作减产微小；在不灭菌土壤上，荚果产量较轮作减产 10.68％，总生物产量较轮作减产 10.46％（表 3－23）。在土壤速效养分灭菌与不灭菌差异甚微的情况下，土壤微生物是引起连作花生减产的主要原因。

表 3－23　土壤微生物对连作、轮作花生产量的影响

处理	荚果产量				总生物产量			
	1990 年	1991 年	1992 年	平均	1990 年	1991 年	1992 年	平均
灭菌轮作(g/盆)	29.45	36.80	25.80	30.68	55.20	62.40	47.80	55.13
灭菌连作(g/盆)	27.27	35.20	24.85	29.11	57.20	58.20	49.25	54.88
有菌轮作(g/盆)	68.25	54.40	33.33	51.99	115.95	97.90	70.95	94.93
有菌连作(g/盆)	58.68	50.00	30.63	46.44	100.00	87.90	67.10	85.00
灭菌连作较轮作(%)	−7.40	−4.30	−3.70	−5.10	3.60	−6.70	3.00	−0.004
有菌连作较轮作(%)	−14.00	−8.10	−8.10	−10.68	−13.76	−10.21	−5.43	−10.46
轮作灭菌较有菌(%)	−56.85	−32.35	−22.59	−40.99	−52.39	−36.26	−32.63	−41.96
连作灭菌较有菌(%)	−53.53	−29.60	−18.87	−37.32	−42.80	−33.79	−26.60	−35.44

（三）连作花生对土壤微生物区系的影响

因连作花生的根系分泌物、植株残体在土壤中的残留，且栽培管理方法年复一年都相同，其土壤微生物区系较轮作土有明显的变化。具体表现：细菌密度（B）较轮作土减少 35.4％，放线菌密度（A）较轮作土减少 54.7％，真菌密度（F）较轮作土增加 180.0％；B/F 显著变小，使连作土壤向真菌型转化（表 3－24）。

表 3－24　连作花生对土壤微生物区系的影响

微生物类群	连作土 (个/g 干土)	轮作土 (个/g 干土)	连作较轮作(%)	类群比值	连作土	轮作土
细菌(B)	5.3×10^6	8.2×10^6	−35.4	B/F	0.38×10^3	1.64×10^3
真菌(F)	1.4×10^4	0.5×10^4	180.0	A/F	24.3	150.0
放线菌(A)	3.5×10^5	7.5×10^5	−54.7			

(四) 连作、轮作花生根际微生物区系的变化

连作花生根际微生物区系较轮作有明显的变化。细菌密度明显减少,花针期较轮作减少 18.6％,结荚期减少 26.6％,成熟期减少 20.5％。真菌密度明显增加,花针期较轮作增加 83.3％,结荚期增加 23.2％,成熟期增加 56.3％。放线菌密度明显减少,花针期较轮作减少 58.3％,结荚期减少 14.3％,成熟期减少 14.8％。B/F 值和 A/F 值连作均较轮作明显变小。根际微生物区系的变化与播种前土壤微生物区系的变化基本呈同一趋势。以上研究结果表明,花生的根系分泌物、根表和根毛等的脱落物质不但直接影响根际土壤微生物,而且也间接影响整个土壤微生物的平衡;其总的变化趋势是,连作真菌富集、细菌受到抑制,轮作细菌富集、真菌受到抑制(表 3-25)。

表 3-25　连作、轮作花生根际微生物区系的变化

微生物类群	处理	花针期	结荚期	成熟期
细菌(B)	轮作[个/(g 干土)]	58.6×10^6	51.1×10^6	29.2×10^6
	连作[个/(g 干土)]	47.4×10^6	37.5×10^6	23.2×10^6
	连作较轮作(％)	−18.6	−26.6	−20.5
真菌(F)	轮作[个/(g 干土)]	2.4×10^4	8.2×10^4	3.2×10^4
	连作[个/(g 干土)]	4.4×10^4	10.1×10^4	5.0×10^4
	连作较轮作(％)	83.3	23.2	56.3
放线菌(A)	轮作[个/(g 干土)]	17.5×10^5	9.1×10^5	5.4×10^5
	连作[个/(g 干土)]	7.3×10^5	7.8×10^5	4.6×10^5
	连作较轮作(％)	−58.3	−14.3	−14.8
B/F	轮作	2.44×10^3	0.62×10^3	0.91×10^3
	连作	1.08×10^3	0.37×10^3	0.46×10^3
A/F	轮作	72.90	11.10	16.88
	连作	16.59	7.72	9.20

第四节
花生连作叶部病害发生情况

一、连作对花生叶部病害的影响

花生收获前调查表明,连作能明显增加叶部病害的发生,并有随连作年限的增加而加重的趋势,其中连作花生叶斑病、线虫病等病害显著加重。连作 1 年的病叶率和病情指数分别达到 39.6％和 12.34,比轮作增加 5.1％和 43.2％;连作 2 年的病叶率和病情指数分别达到 46.7％和 19.8,病叶率比轮作处理增加 12.2％,病情指数是轮作处理的 2.3 倍(表 3-26)。

表 3-26 连作对花生(潍花 6)叶部病害的影响

处理	病叶率		病情指数	
	实测值(%)	比轮作增加(%)	实测值	比轮作增加(%)
轮作	34.5		8.62	
连作 1 年	39.6	5.1	12.34	43.2
连作 2 年	46.7	12.2	19.80	129.7

二、花生植株残体对连作花生网斑病的影响

施入花生植株残体,增加了叶斑病的初侵染源,对花生叶斑病的发病造成影

响。1991年网斑病大发生,其影响尤为明显。轮作土施入花生落叶,网斑病的发生明显加重,其落叶率和发病指数较轮作土(对照)明显提高;单施落叶分别增加5.7和7.9个百分点;残根与落叶同时施入,分别增加3.9和9.4个百分点。连作土施入花生残根+落叶发病明显,只施花生落叶或残根对花生网斑病的发病影响较小,表明连作土本身已经有足够的初侵染源(表3-27)。

表3-27 花生网斑病发病情况调查(1991年)

处理	调查叶片数(片)	落叶数(片)	落叶率(%)	各发病级别片数(片)				发病指数(%)
				一级	二级	三级	四级	
轮作土+残根	376	184	48.9	79	19	15	0	59.7
轮作土+落叶	508	278	54.7	102	28	25	0	66.2
轮作土+残根+落叶	382	202	52.9	71	14	32	0	67.7
轮作土(对照)	496	243	49.0	113	33	19	0	58.3
连作土+残根	476	254	53.4	84	25	38	0	66.4
连作土+落叶	508	259	51.0	99	28	38	1	66.3
连作土+残根+落叶	492	284	57.7	75	29	52	1	72.6
连作土(对照)	484	251	51.9	94	35	41	0	66.7

第四章

消减花生连作障碍的措施及效果

第一节
不同花生品种对连作的响应

一、连作对不同花生品种光合特性的影响

2001 年采用裂区设计,主区为连作和轮作 2 种处理,副区为 3 个类型花生品种:普通型大花生 8130、珍珠豆型小花生鲁花 12 和中间型高产品种鲁花 14。

(一) 连作对不同花生品种叶绿素(Chl)含量的影响

连作区 3 个品种 Chl 平均含量为 6.02 mg/g,比轮作降低 2.0%。但是,不同品种间差异较大,对鲁花 12 影响较大,幼苗期、花针期、结荚期和成熟期 4 个生育期连作比轮作分别降低 3.6%、4.8%、3.9% 和 4.8%,全生育期平均降低 4.3%;鲁花 14 和 8130 连作与轮作差异很小,全生育期平均下降率仅为 1% 左右(图 4-1)。

(二) 连作对不同花生品种叶面积系数(LAI)的影响

连作对花生叶面积影响明显。连作区 3 个品种全生育期平均 LAI 为 1.58,比轮作低 9.2%。受影响最小的是 8130,全生育期连作比轮作区平均降低 6.7%;其次为鲁花 14 和鲁花 12,全生育期连作区比轮作区平均分别降低 8.5% 和 9.7%。另外,连作对 LAI 的影响也表现出随生育进程推进而加重的趋势。幼苗期、花针期、结荚期和成熟期 4 个生育期连作区 3 个品种平均比轮作区分别降低 4.1%、7.8%、9.2% 和 12.5%(图 4-2)。

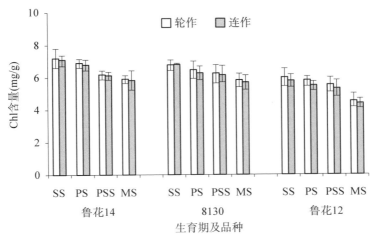

图 4 - 1　连作对不同花生品种 Chl 含量的影响

SS—苗期；PS—花针期；PSS—结荚期；MS—成熟期

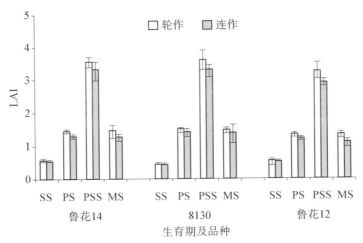

图 4 - 2　连作对不同花生品种 LAI 的影响

SS—苗期；PS—花针期；PSS—结荚期；MS—成熟期

（三）连作对不同花生品种光合速率的影响

连作对花生单叶光合强度（P_n）和冠层光合强度（CAP）均产生一定影响，其中连作区 3 个品种平均 P_n 为 78.1 g CO_2/（cm^2·h），比轮作区平均低 3.3%；连作区 CAP 平均为 2.08 g CO_2/（cm^2·h），比轮作区低 5.4%。随生育进程的推进，连作对花生光合速率的影响加重，幼苗期、花针期、结荚期和成熟期连作区 P_n 平均比轮作区分别降低 0.8%、5.5%、4.0% 和 7.2%，CAP 则分别降低 3.0%、4.1%、6.2% 和 9.5%。不同类型花生品种对连作的响应存在差异，鲁花 12 最敏感，全生育期 P_n 和 CAP 平均比轮作分别降低 7.2% 和 8.9%；鲁花 14 次之，P_n 和 CAP 分别降低 3.4% 和 4.4%；8130 最轻，P_n 和 CAP 分别降低 2.3% 和 3.7%（图 4-3）。

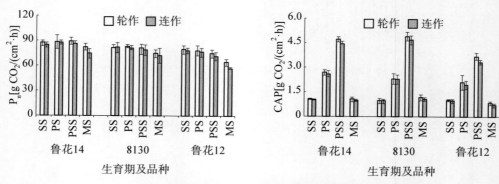

图 4-3　连作对不同花生品种 P_n 和 CAP 的影响

SS—苗期；PS—花针期；PSS—结荚期；MS—成熟期

（四）P_n、CAP、Chl 含量、LAI、作物生长速率（CGR）相关分析

P_n、CAP、Chl 含量、LAI 和 CGR 相关分析表明，Chl 含量与 P_n、CAP 与 LAI，以及 CGR 与 CAP 和 LAI 相关密切，除鲁花 14 的 Chl 含量与 P_n 相关系数不显著外，其余各项均达到极显著水平（表 4-1）。CGR 高是作物高产的基础，而 CGR 可以通过提高 CAP 和 LAI 来实现。由于 CAP 与 LAI 相关密切，因此连作花生高产最关键的因素是提高 LAI。

表 4-1　P_n、CAP、Chl 含量、LAI 和 CGR 相关分析

	鲁花 14				8130				鲁花 12			
	P_n	CAP	Chl 含量	LAI	P_n	CAP	Chl 含量	LAI	P_n	CAP	Chl 含量	LAI
CAP	0.6262				0.2464				0.1715			
Chl 含量	0.4839	−0.2461			0.8964**	0.034			0.9494**	0.296		
LAI	0.3429	0.9226**	−0.5856		−0.0531	0.9509**	−0.2367		−0.1383	0.9343**	−0.0443	
CGR	0.5147	0.9803**	−0.3963	0.9757**	0.1545	0.9938**	−0.0601	0.9774**	−0.0314	0.9623**	0.0662	0.9933**

注：＊＊表示极显著相关。

二、连作对不同花生品种生育特性的影响

试验处理同本章第一节一。

(一) 连作对不同花生品种群体干物质(TDM)的影响

连作花生群体干物质（TDM）明显低于轮作，连作区 TDM 平均为 929.9 g/m²，比轮作处理低 10.2%，差异明显。品种间 TDM 降低率由低到高依次为 8130、鲁花 14 和鲁花 12，分别降低 8.0%、10.8% 和 11.9%，表明 8130 对连作有较好的适应性。不同生育期，连作区幼苗期、花针期、结荚期和成熟期 TDM 分别为 60.5 g/m²、185.1 g/m²、571.4 g/m²、112.9 g/m²，比轮作分别降低 7.6%、4.5%、9.1% 和 23.4%。品种间表现略有差异，8130 比较平稳，4 个生育期连作比轮作 TDM 分别降低 6.5%、7.3%、7.0% 和 12.5%；鲁花 14 和鲁花 12 幼苗期 TDM 差异较小，连作比轮作降低 2.8%～3.8%，花针期和结荚期居中，降低 7.8%～10.5%，成熟期降低明显，降低 25.5%～36.7%（图 4 - 4）。

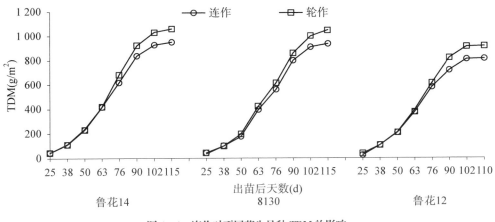

图 4 - 4　连作对不同花生品种 TDM 的影响

(二) 连作对不同花生品种干物质积累速率(CGR)的影响

花生 TDM 的高低取决于 CGR 的大小和生育期的长短。对于生育期相同或

相近的品种,TDM 主要取决于 CGR。因此,CGR 是花生高产栽培的重要参数之一。连作区全生育期平均 CGR 为 8.7 g/(m² · d),比轮作的 9.7 g/(m² · d)低10.2%,差异明显;品种间,鲁花 14 和鲁花 12 分别降低 10.8% 和 12.9%,差异明显;8130 降低 8.0%,差异不明显;不同生育期连作对 CGR 的影响依次为花针期<幼苗期<结荚期<成熟期,分别降低 4.5%、7.6%、9.1% 和 25.5%。以上试验结果表明,花生 CGR 在开始加快时两种种植制度的差距最小,生育后期差距最大,这可能与连作花生生育后期提前衰老有关。品种间的趋势一致,但鲁花 14 和鲁花 12成熟期降幅明显高于 8130,表明 8130 生育后期的耐连作性明显高于其他两个品种(图 4 - 5)。

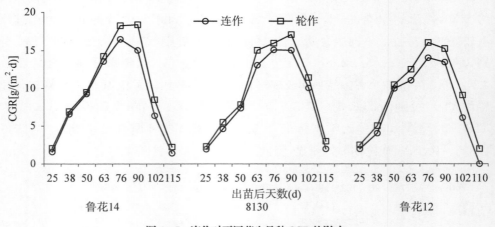

图 4 - 5　连作对不同花生品种 CGR 的影响

(三) 连作对不同花生品种荚果干物质的影响

连作对花生荚果干物质的积累影响明显,连作区收获时荚果干重(PDM)平均为 5 417 g/m²,比轮作区降低 9.4%,差异明显。品种间,受影响最大的是鲁花 12,比轮作区降低 13.8%;其次为鲁花 14,比轮作区降低 9.2%;对 8130 影响最小,比轮作区降低 5.6%(图 4 - 6)。

PDM 的高低取决于荚果干物质积累速率(PGR)的大小。连作区平均 PGR 为8.5 g/(m² · d),比轮作区降低 9.7%。PGR 的消长动态,品种间存在差异,鲁花 12降幅最大,8130 降幅最小。鲁花 14 和鲁花 12 的 PGR 峰值略早于 8130,出现在播种后 90 d 左右,之后下降较快,连作与轮作变化趋势一致,所不同的是连作处理的PGR 始终低于轮作;8130 的峰值期相对平稳,持续时间长,这样的品种往往适应性

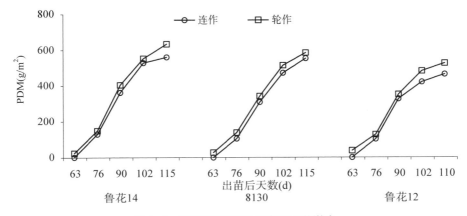

图 4-6 连作对不同花生品种 PDM 的影响

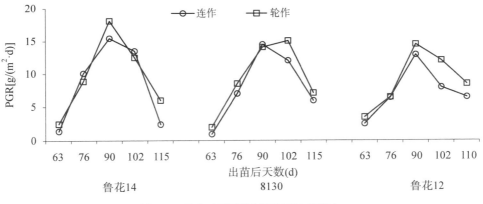

图 4-7 连作对不同花生品种 PGR 的影响

更好,这也有助于解释 8130 较耐连作的原因(图 4-7)。

(四) PDM 与 LAI、光合势(LAD)、CGR、净同化率(NAR)和 TDM 的相关分析

将 PDM 与全生育期 LAI、CGR 和 NAR 的平均值以及全生育期的 TDM 和 LAD 总量进行相关分析,结果表明(表 4-2),花生荚果产量与上述 5 个参数均呈极显著或显著相关,尤其与 CGR 和 TDM 的相关系数高达 0.98 以上,说明要取得花生高产必须有高的光合生产率和光合积累。在上述 5 个参数中,LAI 虽然与荚果产量相关系数最低,但 LAI 与 LAD、CGR 和 TDM 的相关性均达到极显著水平,表明增加 LAI 有利于提高这 3 个参数的值,而这 3 个参数的提高有利于荚果产量

的形成,因此,LAI 是花生荚果产量形成的基础。NAR 反映了单位叶面积的光合效率,其高低与群体叶面积的大小、叶片在空间的分布以及单叶的光合效率有关。一般情况下,对 NAR 影响最大的是叶面积,并随 LAI 的增加而下降。可见,高产花生既要有足够的 LAI,又要能通过调节冠层结构、增加冠层的通透性,以及防止叶部病害、保持单叶较高的代谢能力来增加 NAR,最终达到 CGR 的最大化。

表 4 - 2　PDM 与 LAI、LAD、CGR、NAR 和 TDM 的相关分析

	LAI	LAD	CGR	NAR	TDM
LAD	0.929 0**				
CGR	0.868 5**	0.974 7**			
NAR	0.341 4	0.609 1	0.759 0*		
TDM	0.852 2**	0.978 5**	0.997 1**	0.758 8**	
PDM	0.780 3*	0.939 6**	0.980 8**	0.820 5**	0.985 6**

注:＊表示显著相关;＊＊表示极显著相关。

综上结果显示,不同花生品种类型对连作的响应存在一定差异,鲁花 12 最为敏感,鲁花 14 次之,8130 耐连作性最好。

三、连作对不同花生品种产量的影响

采用裂区设计,主区为连作和轮作 2 种处理;副区为 3 个类型花生品种:普通型大花生 8130,珍珠豆型小花生鲁花 12,中间型品种鲁花 11、鲁花 14、花育 16。

结果显示,不同品种在轮作、连作两种条件下产量均存在一定差异,但这种差异存在一定区别。轮作条件下,花育 16 产量最高,达到 4 333.7 kg/hm²,比鲁花 11 增产 3.2%;鲁花 14 次之,比鲁花 11 增产 2.0%。在连作条件下,鲁花 14 产量超过花育 16 居首位,比鲁花 11 增产 3.7%;花育 16 次之,比鲁花 11 增产 2.8%。以上结果表明,鲁花 14 比花育 16 更适应连作栽培。虽然 8130 和鲁花 12 在轮作、连作两种条件下产量均比鲁花 11 减产,但减产幅度不同。轮作条件下,8130 比鲁花 11 减产 5.2%,而连作时只减产 0.9%;鲁花 12 则不同,连作比轮作减产幅度增加了 1.5%,说明 8130 比鲁花 12 更适应连作栽培。采用公式"r(障碍系数)＝(品种轮作时的产量－连作时的产量)/[(品种轮作时的产量＋连作时的产量)/2]"评判

各品种对连作的反应程度。结果表明,r越大,说明该品种对连作的反应越敏感;根据 r 的大小得出供试的 5 个品种对连作的适应性依次为:8130>鲁花 14>鲁花 11≈花育 16>鲁花 12(表 4 - 3)。

表 4 - 3　连作和轮作对不同花生品种产量的影响

处理	轮作		连作		障碍系数(r)
	产量 (kg/hm²)	比对照(%)	产量 (kg/hm²)	比对照(%)	
鲁花 11(对照)	4 199.0		3 752.0		0.273 4
鲁花 14	4 282.3	2.0	3 892.5	3.7	0.256 5
花育 16	4 333.7	3.2	3 856.0	2.8	0.277 5
8130	3 981.0	−5.2	3 718.5	−0.9	0.229 7
鲁花 12	3 457.0	−17.7	3 030.5	−19.2	0.292 1

第二节
肥料对消减花生连作障碍的作用

一、连作花生专用肥的增产效果

供试肥料为尿素(含 N 46%)、重过磷酸钙(含 P_2O_5 44%)、磷酸铵(含 N 18%、P_2O_5 46%)、硫酸钾(含 K_2O 50%),以及硼、钼、锰、铜、铁盐类(均为分析纯)。本试验所用花生专用肥由本科研团队配制,根据花生需肥规律和连作花生土壤养分变化,将氮、磷、钾合理配比,适当补充连作土壤中容易缺少的硼、铜、锰、铁、锌等元素,经多年多次筛选确定配方 1、配方 2。

盆栽试验于 1990—1992 年分别采用连作 1 年土、2 年土、4 年土、6 年土做了 3 年 4 次。每次试验均设配方 1、配方 2、连作土对照和轮作土对照 4 个处理,重复 4 次,专用肥用量均按 2 250 kg/hm² 施用。小区试验于 1991—1992 年连续进行 2 年,设配方 1、配方 2、不施肥空白对照和习惯用肥(750 kg/hm² 磷酸二铵)对照 4 个处理。每年均于 5 月上旬施肥播种。

(一) 连作花生专用肥对连作花生植株生育的影响

3 年的试验结果表明,连作花生专用肥对连作花生的植株生育有明显的促进作用(表 4 - 4)。配方 2 效果最为明显,较连作土对照,3 年平均主茎高增加 1.36 cm,侧枝长增加 1.05 cm,总分枝增加 0.71 条,单株结果数增加 2.75 个,单株饱果数增加 2 个,百果重增加 100 g;较轮作土对照,各性状也均有一定程度的提高和增加,主茎高增加 0.41 cm,侧枝长增加 0.76 cm,总分枝增加 0.59 条,单株结果数增加 0.41 个,单株饱果数增加 1.48 个,百果重增加 36 g。以上表明,连作花生专用肥较好地满足了连作花生对各种营养元素的需要,生长发育比较正常,较好地缓解了因连作引起的植株矮小、荚果变小等连作障碍。

表 4-4　连作花生专用肥对连作花生植株性状的影响

处理	年份	主茎高(cm)	侧枝长(cm)	分枝数(条/株)	结果数(个/株)	饱果数(个/株)	百果重(g)
配方 1	1990	36.13	37.38	9.50	12.76	3.57	270
	1991	21.80	25.90	10.10	21.50	8.88	
	1992	12.80	16.60	10.00	18.75	9.25	
	平均	23.58	26.63	9.87	17.67	7.23	
配方 2	1990	35.00	38.38	9.25	13.19	4.69	315
	1991	21.25	25.80	12.60	25.00	10.00	
	1992	14.20	18.70	9.25	20.25	7.50	
	平均	23.48	27.63	10.37	19.48	7.40	
连作土对照	1990	31.00	34.75	9.75	10.07	1.82	215
	1991	20.60	25.80	9.60	20.25	10.25	
	1992	14.75	19.20	9.63	19.88	4.13	
	平均	22.12	26.58	9.66	16.73	5.40	
轮作土对照	1990	32.50	35.75	9.10	12.69	2.13	279
	1991	22.60	26.75	11.00	22.88	9.38	
	1992	14.10	18.10	9.25	21.63	6.25	
	平均	23.07	26.87	9.78	19.07	5.92	

(二) 连作花生专用肥对连作花生产量的影响

连作花生专用肥可以显著提高连作花生的生物产量(表 4-5)和荚果产量(表 4-6)。施用配方 2 处理的连作花生生物产量,3 年 4 次试验较连作土对照增产 15.33%～27.05%,平均增产 20.85%;较轮作土对照增产 3.59%～11.79%,平均增产 8.84%。施用配方 2 处理的荚果产量较连作土对照增产 15.17%～31.74%,平均增产 24.03%;较轮作土对照增产 5.85%～16.19%,平均增产 11.46%。荚果产量经方差分析表明,各年度各次试验处理间的 F 值均达极显著。经 LSR 法检验(表 4-7),配方 2 较连作土对照的增产均达极显著。

表 4-5　连作花生专用肥对连作花生生物产量的影响

处理	年份	生物产量 (g/盆)	较连作对照		较轮作对照	
			(g/盆)	(%)	(g/盆)	(%)
配方 1	1990	132.41	19.93	17.72	3.23	2.50
	1991	102.40	9.95	10.76	−6.10	−5.62
	1992(连作 2 年土)	95.11	6.08	6.83	1.51	1.61
	1992(连作 6 年土)	84.26	2.06	2.51	−2.15	−2.49
	平均	103.55	9.51	10.11	−0.88	−0.84
配方 2	1990	142.91	30.43	27.05	13.73	10.63
	1991	112.40	19.95	15.33	3.90	9.70
	1992(连作 2 年土)	102.68	13.65	15.33	9.08	9.70
	1992(连作 6 年土)	96.60	14.40	17.52	10.19	11.79
	平均	113.65	19.61	20.85	9.23	8.84
连作土对照	1990	112.48			−16.70	−12.93
	1991	92.45			−16.05	−14.79
	1992(连作 2 年土)	89.03			−4.57	−4.88
	1992(连作 6 年土)	82.20			−4.21	−4.87
	平均	94.04			−10.38	−9.94
轮作土对照	1990	129.18	16.70	14.85		
	1991	108.50	16.05	17.36		
	1992(连作 2 年土)	93.60	4.57	5.13		
	1992(连作 6 年土)	86.41	4.21	5.12		
	平均	104.42	10.38	11.04		

表 4-6　连作花生专用肥对连作花生荚果产量的影响

处理	年份	荚果产量 (g/盆)	较连作对照		较轮作对照	
			(g/盆)	(%)	(g/盆)	(%)
配方 1	1990	74.00	13.50	22.31	3.40	4.82
	1991	56.95	3.55	6.65	−1.15	−1.98
	1992(连作 2 年土)	50.50	9.10	21.98	5.40	11.97
	1992(连作 6 年土)	44.70	3.30	7.97	−0.40	−0.01
	平均	56.54	7.36	14.97	1.81	3.31
配方 2	1990	79.70	19.20	31.74	9.10	12.89
	1991	61.50	8.10	15.17	3.40	5.85
	1992(连作 2 年土)	52.40	11.00	26.57	7.30	16.19
	1992(连作 6 年土)	50.40	9.00	21.74	5.30	11.75
	平均	61.00	11.82	24.03	6.27	11.46

(续表)

处理	年份	荚果产量(g/盆)	较连作对照(g/盆)	较连作对照(%)	较轮作对照(g/盆)	较轮作对照(%)
连作土对照	1990	60.50			−10.10	−14.31
	1991	53.40			−4.70	−8.09
	1992(连作2年土)	41.40			−3.70	−8.20
	1992(连作6年土)	41.40			−3.70	−8.20
	平均	49.18			−5.55	−10.14
轮作土对照	1990	70.60	10.1	16.69		
	1991	58.10	4.70	8.80		
	1992(连作2年土)	45.10	3.70	8.94		
	1992(连作6年土)	45.10	3.70	8.94		
	平均	54.73	5.55	11.29		

表4-7　各年度各次试验各处理间差异显著性比较

处理	1990年 荚果产量(g/盆)	差异显著性 0.05	差异显著性 0.01	1992年(连作2年土) 荚果产量(g/盆)	差异显著性 0.05	差异显著性 0.01	处理	1991年 荚果产量(g/盆)	差异显著性 0.05	差异显著性 0.01	1992年(连作6年土) 荚果产量(g/盆)	差异显著性 0.05	差异显著性 0.01
配方2	79.7	a	A	54.4	a	A	配方2	61.5	a	A	50.4	a	A
配方1	74.0	b	AB	50.5	a	A	轮作土对照	58.1	b	A	45.1	b	AB
轮作土对照	70.6	b	B	45.1	b	B	配方1	56.95	b	AB	44.7	b	B
连作土对照	60.5	c	C	41.4	c	B	连作土对照	53.4	c	B	41.4	b	B

注:同一列小写字母不同表示差异显著;同一列大写字母不同表示差异极显著。

1991—1992年的田间小区试验,取得了与盆栽试验基本一致的结果(表4-8),配方1花生产量较空白对照和习惯用肥分别增产45.10%和21.87%,配方2花生产量较空白对照和习惯用肥分别增产47.10%和23.54%,进一步说明了连作

表4-8　连作花生专用肥增产效果

处理	产量(kg/hm²)	较空白对照(kg/hm²)	较空白对照(%)	较习惯用肥(kg/hm²)	较习惯用肥(%)
配方1	6311.97	1961.99	45.10	1132.5	21.87
配方2	6398.97	2048.99	47.10	1219.5	23.54
习惯用肥	5179.47	829.49	19.07		
空白对照	4349.98			−829.5	−16.01

花生专用肥对连作花生确有明显的增产效果。

二、不同种类肥料增产效果

供试肥料:有机肥为花生植株粉,其中生殖器官(荚果和果针)占 1/3,营养器官占 2/3。生殖器官含氮(N)3.4‰、磷(P_2O_5)0.315‰、钾(K_2O)8.226‰、硼(B)0.0216‰、钼(M_O)0.00197‰。营养器官含氮 1.8‰、磷(P_2O_5)1.35‰、钾(K_2O)11.146‰、硼(B)0.0409‰、钼(M_O)0.00393‰。无机肥料为尿素(含 N 46%)、重过磷酸钙(含 P_2O_5 44%)、硫酸钾(含 K_2O 50%)、硼酸(分析纯)、钼酸铵(分析纯)。

试验在连作土和轮作土上同时进行,设不施肥和连续施肥试验,品种选用花37。不施肥试验:1986—1991 年设连作 1 年、2 年、3 年、4 年、5 年及当年 6 个处理。连续施肥试验:1987 年开始,设①有机肥,每陶瓷钵每年施花生植株粉 100 g(折合每 667 m^2 N 20.6 kg、P_2O_5 1.7 kg、K_2O 9.0 kg、B 30.0 g、M_O 2.9 g);②无机肥料施 $N_5P_{7.5}K_{10}B_{0.2}M_{O\,0.015}$(N 5 kg、$P_2O_5$ 7.5 kg、K_2O 10 kg、B 200 g、M_O 15 g);③无机肥料施 $N_{10}P_{15}K_{20}B_{0.2}M_{O\,0.015}$(N 10 kg、$P_2O_5$ 15 kg、K_2O 20 kg、B 200 g、M_O 15 g);连作土和轮作土均以不施肥为对照。

(一) 连续施肥土壤养分变化

连作花生连续 5 年施用有机肥料和不同量的无机肥料,土壤中的主要营养元素发生变化(表 4-9)。处理(1)土壤中的有机质、全氮、水解氮含量较施用无机肥料处理(2)和(3)明显增加,较处理(4)也略有增加;但有效磷、速效钾的含量低于当年施有机肥处理。全磷、有效磷、速效钾含量,施用无机肥料处理的(2)(3)除(2)的速效钾略低外,其余均较连续 5 年施有机肥料处理(1)增加,其中处理(3)分别增加81.25%、77.05%、23.53%。当年施有机肥和无机肥料,土壤中的营养元素处理间

表 4-9 连续施肥土壤养分变化

代号	处理	pH	有机质 (%)	全氮 (%)	全磷 (%)	水解氮 (‰)	有效磷 (‰)	速效钾 (‰)
(1)	连续 5 年施有机肥料	8.0	1.106	0.061	0.032	0.061	0.0122	0.051
(2)	连续 5 年施 $N_5P_{7.5}K_{10}B_{0.2}Mo_{0.015}$	8.0	0.858	0.042	0.037	0.042	0.0155	0.050

（续表）

代号	处理	pH	有机质（%）	全氮（%）	全磷（%）	水解氮（‰）	有效磷（‰）	速效钾（‰）
（3）	连续 5 年施 $N_{10}P_{15}K_{20}B_{0.2}Mo_{0.015}$	7.8	0.765	0.047	0.058	0.047	0.0215	0.063
（4）	当年施有机肥料	8.0	1.086	0.052	0.033	0.052	0.0148	0.067
（5）	当年施 $N_5P_{7.5}K_{10}B_{0.2}Mo_{0.015}$	8.0	1.096	0.055	0.033	0.055	0.0141	0.070
（6）	当年施 $N_{10}P_{15}K_{20}B_{0.2}Mo_{0.015}$	8.1	1.075	0.053	0.043	0.053	0.0136	0.054

差异较小。

（二）连续施肥对产量性状的影响

连作花生每年施有机肥料，花生总干物质重较不施肥的对照有所增加，3 年平均增加 10.73％；但较不施肥的多年轮作土仍减少 10.78％，达显著水平（表 4-10）。连作花生施无机肥料处理（1）与处理（3）较处理（4）效果好，其总干物质重较连作不施肥分别增加 17.52％和 29.6％，达显著和极显著水平；但与不施肥的多年轮作土差异不显著。

表 4-10　施肥对连作花生总干物质重的影响

代号	处理	总干物质重（相对干重）				差异显著性	
		1987 年（连作 1 年）	1989 年（连作 3 年）	1990 年（连作 4 年）	平均	0.05	0.01
（1）	连作土施 $N_{10}P_{15}K_{20}B_{0.2}Mo_{0.015}$	136.56	125.18	127.05	129.60	a	A
（2）	轮作土不施肥	136.26	121.22	114.85	124.11	ab	AB
（3）	连作土施 $N_5P_{7.5}K_{10}B_{0.2}Mo_{0.015}$	118.42	116.42	117.72	117.52	b	AB
（4）	连作土施有机肥	119.11	113.48	99.61	110.73	b	B
（5）	连作土不施肥（对照）	100.00	100.00	100.00	100.00	c	B

注：同一列小写字母不同表示差异显著；同一列大写字母不同表示差异极显著。

施肥对连作花生荚果产量有明显的增产效果（表 4-11），以多施无机肥料增产效果较为突出，处理（2）和处理（3）分别比对照（5）增产 38.9％和 29.5％，达极显著、显著水平。施有机肥料处理（4）也较对照（5）增产 15.3％，达显著水平。连作花生施肥（有机肥料或无机肥料）荚果增产效果与轮作花生相比，明显偏低（表 4-12）；施等量有机肥料，轮作比连作增产 22.6％，达极显著水平。施无机肥的连作花生，以多量施用效果较好，但仍不如轮作施肥效果好。

表 4-11 施肥对连作花生荚果产量的影响

代号	处理	荚果产量(相对产量)				差异显著性	
		1987 年 (连作 1 年)	1989 年 (连作 3 年)	1990 年 (连作 4 年)	平均	0.05	0.01
(1)	轮作土不施肥	148.8	132.0	116.6	132.5	a	AB
(2)	连作土 $N_{10}P_{15}K_{20}B_{0.2}Mo_{0.015}$	144.8	140.3	131.7	138.9	a	A
(3)	连作土 $N_5P_{7.5}K_{10}B_{0.2}Mo_{0.015}$	135.7	130.5	122.2	129.5	a	AB
(4)	连作土有机肥	118.5	125.2	102.1	115.3	b	B
(5)	连作土不施肥(对照)	100.0	100.0	100.0	100.0	c	B

注:同一列小写字母不同表示差异显著;同一列大写字母不同表示差异极显著。

表 4-12 连作花生与轮作花生施肥效果比较

处理	荚果平均产量 (g/盆)	差异显著性	
		0.05	0.01
轮作土 $N_{10}P_{15}K_{20}B_{0.2}Mo_{0.015}$	85.18	a	A
轮作土 $N_5P_{7.5}K_{10}B_{0.2}Mo_{0.015}$	81.38	ab	AB
轮作土有机肥	75.75	bc	B
轮作土不施肥	70.55	c	B
连作土 $N_{10}P_{15}K_{20}B_{0.2}Mo_{0.015}$	79.75	a	AB
连作土 $N_5P_{7.5}K_{10}B_{0.2}Mo_{0.015}$	73.98	c	B
连作土有机肥	61.78	d	C
连作土不施肥	60.53	d	C

注:同一列小写字母不同表示差异显著;同一列大写字母不同表示差异极显著。

三、不同种类肥料单施和配施对连作花生生长发育的影响

在花生多年连作的基础上,设置 4 个处理:有机肥(纯鸡粪 4 500 kg/hm²)、无机肥(磷酸二铵 750 kg/hm² + 硫酸钾 300 kg/hm²)、1/2 有机肥 + 1/2 无机肥、不施肥(对照)。试验采用池栽法连续进行 2 年,栽培池长、宽和深分别为 1.1 m、1.0 m 和 0.6 m。池周边和底部铺塑料薄膜,底部留有 5 个直径 5 cm 的圆孔。池内种 4 行花生,穴距 20 cm,每穴 2 粒。供试品种为鲁花 11。重复 5 次。5 月上旬播种,9 月上旬收获。

（一）对群体干物质积累量（TDM）及积累速率（CGR）的影响

当年，花生 TDM 各处理表现为有机、无机肥配施＞单施有机肥＞单施无机肥＞不施肥（对照），施肥处理 TDM 分别达到 1 184.0 g/m²、1 116.4 g/m² 和 1 105.8 g/m²，比对照分别增加 16.2％、9.5％和 8.5％。t 测验显示，有机、无机肥配施的 TDM 显著高于其他处理，单施有机与单施无机肥两处理的 TDM 无明显差异，但均显著高于对照。

次年，4 个处理的 TDM 趋势与上年度相似，有机、无机肥配施与有机肥和无机肥单施 3 个处理 TDM 分别达到 906.4 g/m²、854.7 g/m² 和 789.0 g/m²，分别比对照增加 29.9％、22.5％和 13.1％，增产率明显高于当年，表明连作条件下不施肥处理的 TDM 下降更快，但 3 个施肥处理的差异并未达到显著水平，表明随着时间的推移，肥料累积效应逐渐显现，且不同种类肥料之间存在互补效应（图 4 - 8）。

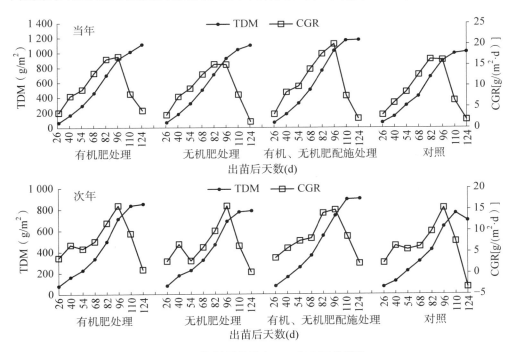

图 4 - 8　不同施肥处理对 TDM 和 CGR 的影响

花生 TDM 高低取决于 CGR 的快慢和生育期的长短。对于同一品种，其生育期相同，TDM 主要取决于 CGR。2 年数据 t 测验结果相似，即全生育期 CGR 平均值，有机肥和有机、无机肥配施与对照差异显著，当年分别比对照提高 9.5％和

16.2%,次年分别提高22.5%、29.9%,而单施无机肥与对照差异不显著。另外,连续单施无机肥对花生生育前期CGR影响较大,对后期CGR影响较小,说明无机肥效力发挥得快,消失得也快,持久性不及有机肥(图4-8)。

(二) 对荚果干物质积累量(PDM)和积累速率(PGR)的影响

当年,有机、无机肥配施处理PDM最高,有机肥处理次之,两处理荚果干重分别达到676.0 g/m²和659.6 g/m²,差异未达显著水平,但比不施肥(对照)分别高14.6%和11.8%。单施无机肥处理比对照增产8.4%,与单施有机肥和对照处理差异不显著(图4-9)。

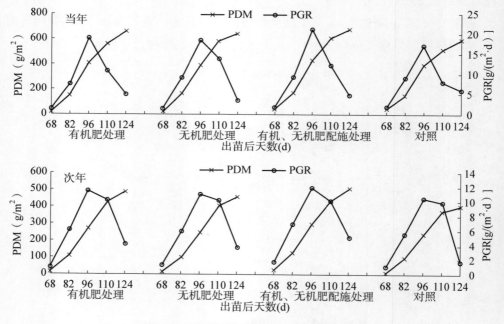

图4-9 不同施肥处理对PDM和PGR的影响

次年,不同处理产量趋势与当年相似,但施肥处理的增产率明显高于上年度,有机、无机肥配施与单施有机肥和单施无机肥3个处理比对照分别增产25.7%、20.6%和13.1%。其中,有机肥处理显著高于无机肥处理,有机、无机肥配施和单施有机肥2个处理差异不显著(图4-9)。

PGR 2年结果相似:配施高于单施,有机肥处理高于无机肥处理,施肥高于对照。

（三）对花生叶面积系数（LAI）及净同化率（NAR）的影响

当年，施肥处理 LAI 峰值显著高于不施肥（对照），但不同施肥处理间差异不显著。其中，单施无机肥处理峰值为 3.68，随后分别为有机、无机肥配施和单施有机肥处理，分别达到 3.53 和 3.51，且 3 个施肥处理分别比对照增加 10.8%、6.2% 和 5.6%。次年，LAI 峰值各处理表现为有机、无机肥配施＞单施有机肥＞单施无机肥＞对照，3 个施肥处理依次比对照增加 20.1%、15.1% 和 12.6%。与当年相比，两个方面发生了变化：一是与对照差距进一步加大；二是有机、无机肥配施的 LAI 峰值最高。这一现象可能与连续施肥的效应累加有关，而且有机、无机肥配施的累加效应更大（图 4 - 10）。

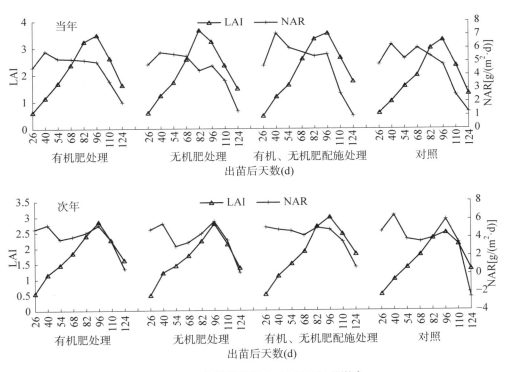

图 4 - 10　不同施肥处理对 LAI 和 NAR 的影响

当年，全生育期 4 个处理花生 NAR 平均为 4.42～4.71 g/(m² · d)，其中有机、无机肥配施处理最高，但处理间差异未达显著水平。次年，不同处理的差异明显拉大，说明连续施肥有累加效应，其中含有机肥的两个处理平均值相近，达到 4

以上,比对照提高 15％左右,而单施无机肥处理比对照高 7.5％,但 t 测验差异未达显著水平(图 4-10)。

(四) 不同施肥方式对光合势(LAD)的影响

当年,全生育期 LAD 平均值 3 个施肥处理间没有显著差异,但显著高于不施肥(对照),其中单施无机肥处理最高,比对照增加 13.4％,有机、无机肥配施和单施有机肥处理分别比对照增加 11.6％和 9.5％。不同处理的生育前期(苗期和花针期)LAD 差异较小,生育后期(结荚期和饱果期)差异较大,其中含有机肥的 2 个处理 LAD 显著高于对照(图 4-11)。

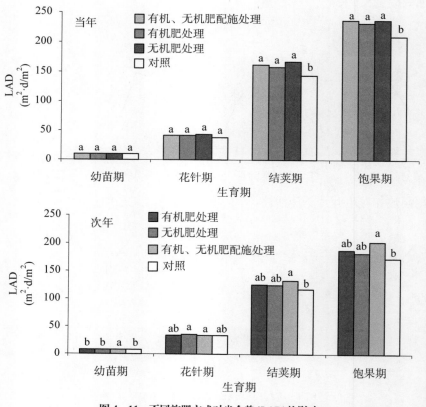

图 4-11　不同施肥方式对光合势(LAD)的影响

注:同一生育期柱上不同字母表示差异显著($P<0.05$)。

次年,全生育期 LAD 有机、无机肥配施处理显著高于其他 3 个处理,全生育期平均值比对照高 14.4％,单施有机肥和无机肥处理分别比对照高 7.3％和 5.6％,

但与对照无显著差异(图4-11)。

以上试验结果表明,随连作年限增加,施有机肥(单施有机肥与有机、无机肥混配)效果较为稳定;单施无机肥处理短期肥效明显,但连年施用不理想。

四、石灰氮对连作花生的影响

(一) 石灰氮与不同肥料处理对连作花生部分生理特性及产量的影响

以花生品系365-1为材料,栽培池种植。设空白对照CK(不施肥)、石灰氮处理DN(石灰氮用量225 kg/hm²)、尿素处理FN(尿素用量98 kg/hm²)、生石灰处理FC(生石灰用量112.5 kg/hm²)、速效肥处理CF(尿素用量98 kg/hm² + 生石灰用量112.5 kg/hm²)5个处理。播前施底肥 P_2O_5 120 kg/hm²、K_2O 150 kg/hm²。5月20日播种,9月20日收获。

1. 对连作花生叶片硝酸还原酶(NR)活性的影响

各生育时期 NR 活性均表现为 CK 显著低于其他处理,施肥各处理间以 DN 处理在花生全生育期叶片 NR 活性明显高于 FN、FC 和 CF(表4-13),说明施肥能有效提高连作花生叶片 NR 活性,其中以 DN 处理效果最明显。

表4-13 石灰氮与不同肥料处理对连作花生硝酸还原酶(NR)活性的影响

单位:$\mu g\ NO_2/(h \cdot g\ FW)$

处理	苗期	花针期	结荚期	饱果期
CK	0.43c	0.51d	0.30c	0.19c
DN	0.71a	1.02a	0.52a	0.37a
FN	0.64b	0.89b	0.36b	0.24b
FC	0.63b	0.73c	0.37b	0.22b
CF	0.61b	0.78c	0.33bc	0.20bc

注:同一列数据中不同小写字母表示差异显著($P<0.05$)。

2. 对连作花生根系活力的影响

除结荚期外,苗期、花针期和饱果期根系活力大小均表现为 DN 处理最高,FN、FC 和 CF 次之,CK 最低;结荚期表现为 DN、FC>CF>FN>CK(表4-14),说明 DN 处理能有效提高花生各生育期的根系活力,缓解连作对花生根系的不良影响。

表 4 - 14　石灰氮与不同肥料处理对连作花生根系活力的影响

单位：μg TTC/(h·g FW)

处理	苗期	花针期	结荚期	饱果期
CK	33.69d	55.48d	74.55d	16.70d
DN	66.15a	84.33a	126.59a	42.97a
FN	43.26c	72.44c	104.14c	23.52c
FC	56.49b	80.54b	124.45a	33.67b
CF	50.16b	79.58b	115.41b	25.86c

注：同一列数据中不同小写字母表示差异显著($P<0.05$)。

3. 对连作花生出苗和产量的影响

各处理下花生出苗率表现为 DN、FN＞CF＞CK＞FC；花生单株结果数表现为 FC＞DN、CF＞FN＞CK；千克果数表现为 FN＞CK＞CF＞DN、FC；出仁率以 DN、FC 处理最高，FN、CF 次之，CK 最低；荚果产量表现为 DN＞FC＞CF＞FN＞CK。以上结果表明，施用石灰氮提高了连作花生的出苗率、单株结果数和出仁率，降低了千克果数，显著增加了荚果产量，可以明显缓解连作对花生产量不利的影响。在本试验条件下，以施用石灰氮 225 kg/hm² 处理产量最高（表 4 - 15）。

表 4 - 15　石灰氮与不同肥料处理对连作花生产量及构成因素的影响

处理	出苗率 （%）	单株结果数 （个）	千克果数 （个）	出仁率 （%）	荚果产量 （kg/hm²）
CK	84.4c	7.52d	732b	70.46c	2 883e
DN	89.5a	9.74b	650d	74.64a	4 499a
FN	89.2a	8.92c	760a	72.64b	3 495d
FC	78.4d	10.26a	644d	74.48a	4 102b
CF	88.6b	9.28b	700c	72.46b	4 003c

注：同一列数据中不同小写字母表示差异显著($P<0.05$)。

（二）石灰氮与氮肥不同配比对连作花生病害及产量的影响

供试石灰氮的氮含量为 19%，CaO 含量为 38%。供试花生品种为花育 22。主区石灰氮用量设低、中、高 3 个水平，分别为 225 kg/hm²、450 kg/hm² 和 675 kg/hm²；副区纯氮用量设 3 个水平，分别为 0、45 kg/hm² 和 90 kg/hm²。为明确石灰氮的独立效应，外加一个石灰氮和氮肥用量均为零的处理（CK）（表 4 - 16）。除氮处理外，每个处理施用过磷酸钙 625 kg/hm²、硫酸钾 300 kg/hm²。全部肥料于播种前 3 周一次性撒施，然后旋耕 2 次，深度为 20 cm。

表 4 - 16　试验处理组合

处理编号	石灰氮用量 A （kg/hm²）	氮素用量 B （kg/hm²）	处理组合
1		0(B₁)	$L_{225}N_0(A_1B_1)$
2	225(A₁)	45(B₂)	$L_{225}N_{45}(A_1B_2)$
3		90(B₃)	$L_{225}N_{90}(A_1B_3)$
4		0(B₁)	$L_{450}N_0(A_2B_1)$
5	450(A₂)	45(B₂)	$L_{450}N_{45}(A_2B_2)$
6		90(B₃)	$L_{450}N_{90}(A_2B_3)$
7		0(B₁)	$L_{675}N_0(A_3B_1)$
8	675(A₃)	45(B₂)	$L_{675}N_{45}(A_3B_2)$
9		90(B₃)	$L_{675}N_{90}(A_3B_3)$
10	0	0	$L_0N_0(CK)$

1. 对花生出苗率的影响

各处理花生出苗率介于 86.0%～96.0%。从主区效应来看，低、中用量石灰氮（A₁ 和 A₂）的花生出苗率略高于高用量（A₃），平均出苗率分别为 95.6%、91.3% 和 87.7%，表明施用中、低量石灰氮有利于花生出苗。但是，不同处理间及其与 CK 间的差异均未达到显著水平，表明石灰氮和氮肥用量在本试验设计范围内对出苗无显著影响（表 4 - 17）。

表 4 - 17　石灰氮与氮肥配施对花生出苗率及茎腐病发生的影响

处理	出苗率(%)	病情指数	防效(%)
A₁B₁	95.3±6.1a	27.05±0.51b	19.49±2.56f
A₁B₂	96.0±7.2a	25.23±0.35bc	26.06±0.88ef
A₁B₃	95.6±5.7a	24.35±1.09cd	28.55±4.01de
A₂B₁	90.6±2.4a	22.18±0.61de	35.03±0.74cd
A₂B₂	91.3±3.2a	21.89±0.89de	35.89±2.03cd
A₂B₃	92.0±7.1a	20.23±0.16ef	41.01±1.35bc
A₃B₁	86.0±4.3a	20.12±1.76ef	40.66±5.51bc
A₃B₂	90.0±2.5a	18.45±0.26fg	45.91±1.15ab
A₃B₃	87.0±4.3a	17.22±0.17g	49.52±0.91a
CK	89.0±6.5a	34.13±0.55a	

注：同一列数据中不同小写字母表示差异显著（$P<0.05$）。

2. 对花生茎腐病的防治效果

从主区效应来看，随石灰氮用量的增加，花生病情指数降低、防效提高。A_1、A_2 和 A_3 平均病情指数分别比对照降低 8.4%、12.7% 和 15.5%，平均防效为 24.7%、37.3% 和 45.4%，说明石灰氮肥对花生茎腐病有一定的控制作用。从副区整体效应来看，也有同样的趋势，即随氮肥用量的增加，花生病情指数降低、防效提高。B_1、B_2 和 B_3 平均病情指数分别比对照降低 10.8%、12.2% 和 13.5%，平均防效分别为 31.7%、36.0% 和 39.7%。所有处理最优组合为 A_3B_3，病情指数和防效分别达到 17.22 和 49.52%（表 4-17）。

3. 对荚果产量的影响

从主区效应来看，随石灰氮用量的增加，荚果产量提高，A_1、A_2 和 A_3 比对照平均增产荚果 423.0 kg/hm^2、523.5 kg/hm^2 和 601.5 kg/hm^2，增产率分别为 9.6%、11.8% 和 13.6%。从副区整体效应来看，也是同样的趋势，即随氮肥用量的增加，荚果产量呈上升趋势，B_2 和 B_3 分别比 B_1 平均增产荚果 121.0 kg/hm^2 和 182.0 kg/hm^2，增产率为 2.5% 和 3.8%；最优组合为 A_3B_3，增产荚果 672.0 kg/hm^2，增产率为 15.2%。1 kg 石灰氮与石灰氮中 1 kg 纯氮增产荚果分别为 0.7~1.5 kg 和 4.1~8.1 kg，用量越大，单位增产荚果数量越低；普通氮肥 1 kg 纯氮对荚果的增产量为 1.8~3.1 kg，明显低于石灰氮 1 kg 纯氮的增产量，不同处理组合以 A_3B_3 最高（表 4-18）。

表 4-18　石灰氮与氮肥配施对花生荚果产量的影响

处理	产量 （kg/hm^2）	比对照增产 （kg/hm^2）	增产率 （%）	1 kg 石灰氮增产 （kg）	石灰氮中 1 kg 纯氮增产（kg）	1 kg 纯氮增产 （kg）
A_1B_1	4 752	327	7.4	1.5	8.1	
A_1B_2	4 875	450	10.2			2.7
A_1B_3	4 917	492	11.1			1.8
平均	4 848.0	423.0	9.6			2.3
A_2B_1	4 848	423	9.6	0.9	5.2	
A_2B_2	4 947	522	11.8			2.2
A_2B_3	5 052	627	14.2			2.3
平均	4 948.5	523.5	11.8			2.2
A_3B_1	4 920	495	11.2	0.7	4.1	
A_3B_2	5 061	636	14.4			3.1
A_3B_3	5 097	672	15.2			2.0
平均	5 026.5	601.5	13.6			2.6
CK	4 425.0					

4. 对籽仁脂肪含量的影响

石灰氮与氮肥配施可明显提高花生籽仁的脂肪含量。石灰氮施用量越大,籽仁脂肪含量的增加越明显。石灰氮用量相同,B_2 普通氮肥处理对籽仁脂肪含量的增加比例高于 B_1 和 B_3 处理。A_3B_2 处理的花生籽仁脂肪含量达 52.8%,比 CK 高 4.14%(表 4-19)。

表 4-19　石灰氮与氮肥配施对籽仁脂肪含量的影响

单位:%

处理	脂肪含量	比 CK 增加
A_1B_1	51.8	2.16
A_1B_2	52.2	2.96
A_1B_3	51.1	0.79
平均	51.7	1.97
A_2B_1	52.1	2.76
A_2B_2	52.1	2.76
A_2B_3	51.3	1.18
平均	51.8	2.17
A_3B_1	51.7	1.97
A_3B_2	52.8	4.14
A_3B_3	52.1	2.76
平均	52.2	2.96
CK	50.7	

第三节
杀虫、杀菌剂对消减花生连作障碍的作用

一、不同拌种剂对连作花生出苗质量、叶部病害及产量的影响

共设 5 个处理：清水（CK）、10％吡虫啉可湿性粉剂＋50％多菌灵可湿性粉剂（T1）、10％吡虫啉可湿性粉剂＋50％咯菌腈可湿性粉剂＋10％苯醚甲环唑可湿性粉剂（T2）、25％噻虫嗪水分散粒剂＋50％多菌灵可湿性粉剂（T3）、25％噻虫嗪水分散粒剂＋50％咯菌腈可湿性粉剂＋10％苯醚甲环唑可湿性粉剂（T4）（表 4-20）。供试花生品种为海花 1 号。各处理供试药剂等量混合，100 kg 种子均用种子重量 0.3％的混合药剂对水 4 kg 喷洒，边喷边搅拌，于阴凉处晾干种皮后播种。

表 4-20　试验设置

处理	药　剂　组　合
CK	清水
T1	10％吡虫啉可湿性粉剂＋50％多菌灵可湿性粉剂
T2	10％吡虫啉可湿性粉剂＋50％咯菌腈可湿性粉剂＋10％苯醚甲环唑可湿性粉剂
T3	25％噻虫嗪水分散粒剂＋50％多菌灵可湿性粉剂
T4	25％噻虫嗪水分散粒剂＋50％咯菌腈可湿性粉剂＋10％苯醚甲环唑可湿性粉剂

（一）不同拌种剂对连作花生出苗质量的影响

不同拌种剂组合处理连作花生出苗率和幼苗整齐度均较 CK 显著提高，T1、T2、T3 和 T4 出苗率分别提高 9.34％、17.99％、13.67％和 26.50％，幼苗整齐度

分别提高 11.67%、21.04%、15.67% 和 28.88%。其中,T4 表现最好,其出苗率达到 90.7%,较 T1、T2 和 T3 分别提高 15.69%、7.21% 和 11.29%;幼苗整齐度达到 83.9%,较 T1、T2 和 T3 分别提高 15.41%、6.47% 和 11.42%。各处理的烂种率较 CK 分别降低 44.21%、55.79%、48.42% 和 87.37%;T4 降低最多,且较 T1、T2 和 T3 分别低 77.36%、71.43% 和 75.51%(表 4-21)。

表 4-21 不同拌种剂对连作花生出苗质量的影响

单位:%

处理	出苗率	烂种率	幼苗整齐度
CK	71.7	9.5	65.1
T1	78.4	5.3	72.7
T2	84.6	4.2	78.8
T3	81.5	4.9	75.3
T4	90.7	1.2	83.9

(二) 不同拌种剂对连作花生叶部主要病害的影响

不同拌种剂组合处理连作花生叶部主要病害均较 CK 显著减少,T1、T2、T3 和 T4 花针期发病率分别降低 35.4%、55.3%、40.2% 和 72.9%,病情指数分别减少 35.5%、55.2%、40.3% 和 73.0%;饱果期发病率分别降低 32.3%、44.6%、38.7% 和 58.1%,病情指数分别减少 34.0%、47.0%、41.2% 和 64.5%。由此可见,药剂拌种对于连作花生生育前期防病效果要好于后期。T4 效果好于其他处理,花针期发病率较 T1、T2 和 T3 分别降低 58.1%、39.5% 和 54.7%,病情指数分别减少 58.1%、39.6% 和 54.7%;饱果期发病率较 T1、T2 和 T3 分别降低 38.1%、24.4% 和 31.7%,病情指数分别减少 46.2%、33.0% 和 39.6%(表 4-22)。

表 4-22 不同拌种剂对连作花生叶部主要病害的影响

处理	花针期		饱果期	
	发病率(%)	病情指数	发病率(%)	病情指数
CK	34.38	6.88	89.19	35.59
T1	22.22	4.44	60.37	23.50
T2	15.38	3.08	49.38	18.88
T3	20.55	4.11	54.66	20.93
T4	9.31	1.86	37.35	12.65

(三) 不同拌种剂对连作花生产量的影响

不同拌种剂组合处理对连作花生产量产生积极影响,单株果数、单株饱果数、百果重、百仁重和产量均表现为 T4＞T2＞T3＞T1＞CK,烂果及虫果率则相反。其中,T4 表现最为明显,单株果数较 CK、T1、T2 和 T3 分别多 17.29％、10.64％、4.70％和 7.59％,单株饱果率分别提高 16.13％、10.02％、3.51％和 9.64％,烂果及虫果率分别降低 62.35％、23.81％、27.27％和 30.43％,百果重分别增加 11.12％、6.77％、3.51％和 5.48％,百仁重分别提高 8.99％、5.24％、1.35％和 4.97％,产量提高 16.47％、8.62％、5.34％和 6.53％(表 4 - 23)。

表 4 - 23　不同拌种剂对连作花生产量的影响

处理	单株果数 (个)	单株饱果率 (％)	烂果及虫果率 (％)	百果重 (g)	百仁重 (g)	产量 (kg/hm²)
CK	13.3	55.8	8.5	164.6	75.6	3 507.0
T₁	14.1	58.9	4.2	171.3	78.3	3 760.5
T₂	14.9	62.6	4.4	176.7	81.3	3 877.5
T₃	14.5	59.1	4.6	173.4	78.5	3 834.0
T₄	15.6	64.8	3.2	182.9	82.4	4 084.5

二、不同杀菌剂及其喷施次数对连作旱地花生叶斑病和产量的影响

供试地块为花生连作 4 年砂壤土旱地。供试花生品种为海花 1 号。主区设 3 个杀菌剂处理,以清水为对照(CK);副区为喷施次数,即喷施 3 次处理(T)和 2 次处理(S),合计 8 个处理(表 4 - 24)。阿米妙收(嘧菌酯·苯醚甲环唑)悬浮剂用量为 480 mL/hm²;40％多福(福美双 35％、多菌灵 5％)可湿性粉剂 400 倍液;80％代森锰锌可湿性粉剂 800 倍液。

表 4 - 24　药剂喷施时期和方法

药剂	编号	喷施时间和次数
清水(CK)	CKT	播种后 80 d 开始,间隔 10 d,连续 3 次
	CKS	播种后 90 d 开始,间隔 10 d,连续 2 次
阿米妙收(A)	AT	播种后 80 d 开始,间隔 10 d,连续 3 次
	AS	播种后 90 d 开始,间隔 10 d,连续 2 次
多福(B)	BT	播种后 80 d 开始,间隔 10 d,连续 3 次
	BS	播种后 90 d 开始,间隔 10 d,连续 2 次

（续表）

药剂	编号	喷施时间和次数
代森锰锌（C）	CT	播种后 80 d 开始，间隔 10 d，连续 3 次
	CS	播种后 90 d 开始，间隔 10 d，连续 2 次

（一）成熟期花生叶片 SPAD 值

喷施杀菌剂处理的成熟期花生叶片 SPAD 值略高于对照处理（CKT 和 CKS）；不同杀菌剂处理间 SPAD 值差异不显著。喷施 3 次杀菌剂处理的 SPAD 值与喷施 2 次杀菌剂处理间差异较小。总体来看，以 AT 处理的叶片 SPAD 值最高，其次是 AS、BT 处理（图 4 - 12）。

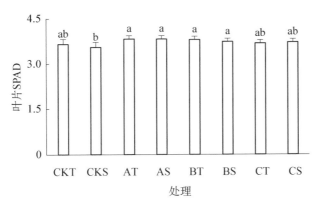

图 4 - 12　不同杀菌剂对叶片 SPAD 值的影响

注：柱上不同小写字母表示差异显著（$P < 0.05$）。

（二）成熟期花生叶面积指数

对照处理的花生叶片后期早衰，脱落严重，叶面积指数较低。喷施杀菌剂处理的成熟期花生叶面积指数显著高于对照处理，增幅为 31.7%～50.0%。不同杀菌剂处理间，AT、AS、CT 处理和 BS 处理的叶面积指数差异显著。喷施 3 次杀菌剂处理的叶面积指数高于喷施 2 次杀菌剂处理，但差异不显著，表明喷施次数对叶面积指数影响较小。喷施阿米妙收处理（A）平均叶面积指数达 2.76，比喷施多福处理（B）和代森锰锌处理（C）分别提高 14.0% 和 9.7%（图 4 - 13）。

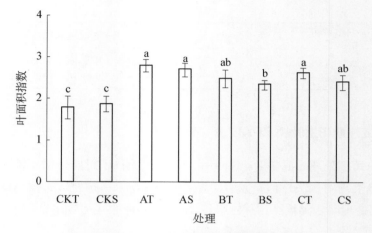

图 4 - 13 不同杀菌剂对叶面积指数的影响

注:柱上不同小写字母表示差异显著($P<0.05$)。

(三) 成熟期花生叶斑病病情指数

对照处理的叶斑病病情指数高达 54.8,显著高于喷施杀菌剂处理,表明喷施杀菌剂对连作花生生育后期叶斑病具有较好的防治效果。不同杀菌剂对花生叶斑病的防治效果存在差异,以喷施阿米妙收处理最好。喷施 3 次与喷施 2 次杀菌剂处理对叶斑病的防治效果差异显著(图 4 - 14)。

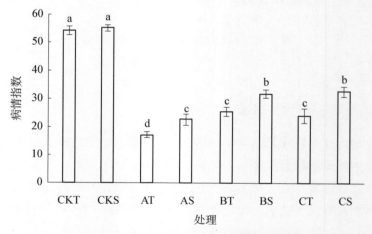

图 4 - 14 不同杀菌剂对叶斑病病情指数的影响

注:柱上不同小写字母表示差异显著($P<0.05$)。

(四)成熟期花生干物质积累

喷施杀菌剂对成熟期花生根、茎和果针干物质量影响不明显,对叶、荚果和植株干物质量影响显著。其中,以 AT 和 CT 处理的叶、荚果干物质量较高,表明提早喷施阿米妙收和代森锰锌有利于花生生育后期防病保叶,促进荚果干物质积累。喷施 3 次杀菌剂的叶和荚果干物质量高于喷施 2 次。喷施杀菌剂 A、B 和 C 处理植株干物质量与对照(CK)相比分别提高 23.2%、14.9% 和 18.6%。喷施杀菌剂显著提高了花生收获指数(表 4-25)。

表 4-25　不同杀菌剂对花生单株干物质的影响

处理	根 (g/株)	茎 (g/株)	叶 (g/株)	果针 (g/株)	荚果 (g/株)	植株 (g/株)	收获指数
CKT	1.5a	18.1ab	5.4d	3.7a	25.5e	55.7d	0.47d
CKS	1.5a	17.2b	5.7d	4.2a	26.4e	56.5d	0.48d
AT	1.6a	18.1ab	8.6a	3.9a	36.3a	70.0a	0.53a
AS	1.5a	18.5ab	8.2ab	3.9a	34.6bc	68.2ab	0.52bc
BT	1.6a	17.8ab	7.6bc	3.6a	33.3cd	65.2bc	0.52bc
BS	1.6a	18.1ab	7.2c	3.6a	31.9d	63.7c	0.51c
CT	1.7a	19.2a	8.0ab	3.9a	35.0b	69.2b	0.52bc
CS	1.6a	18.4ab	7.3c	3.1b	32.1d	63.9c	0.51c

注:同一列数据中不同小写字母表示差异显著($P<0.05$)。

(五)花生产量及其构成因素

喷施阿米妙收、多福和代森锰锌处理花生产量较对照分别提高 14.8%、9.3% 和 10.8%。不同处理的产量表现为 AT>AS>CT>BT>CS>BS>CKT>CKS。不同杀菌剂间,喷施阿米妙收(A)与喷施多福(B)和代森锰锌(C)相比,花生荚果产量分别增加 5.0% 和 3.6%。喷施 3 次杀菌剂的花生产量优于喷施 2 次处理。AS 处理产量高于 BT、BS、CT、CS,表明喷施 2 次阿米妙收对产量的促进作用优于喷施多福和代森锰锌。喷施杀菌剂提高了单株饱果数和秕果数,增加了百果重和百仁重,但对出仁率影响不显著(表 4-26)。

表 4-26　不同杀菌剂对花生产量及其构成因素的影响

处理	荚果产量 (kg/hm²)	单株饱果数 (个)	单株秕果数 (个)	百果重 (g)	百仁重 (g)	出仁率 (%)
CKT	6 516.5d	13.9bc	6.2c	205.8b	94.4b	65.0a

（续表）

处理	荚果产量 （kg/hm²）	单株饱果数 （个）	单株秕果数 （个）	百果重 （g）	百仁重 （g）	出仁率 （%）
CKS	6 447. 8d	13. 5c	6. 8c	206. 0b	94. 6b	66. 1a
AT	7 566. 3a	15. 8a	8. 2a	214. 3a	97. 1a	67. 7a
AS	7 315. 1b	15. 9a	7. 2b	212. 1a	96. 5a	67. 1a
BT	7 114. 8c	15. 5a	7. 5b	212. 4a	96. 1ab	67. 2a
BS	7 056. 9c	15. 4a	7. 9ab	210. 6a	95. 3ab	67. 3a
CT	7 284. 2b	15. 2a	7. 4b	212. 6a	96. 3a	67. 1a
CS	7 078. 4c	14. 8b	8. 5a	210. 3a	95. 3ab	66. 8a

注：同一列数据中不同小写字母表示差异显著（$P<0.05$）。

第四节
生物菌（剂）对消减花生连作障碍的作用

一、微生物调节剂对连作花生生长发育的影响

试验于 1993—1995 年进行，采用花生连作 3 年以上的土壤、多年轮作土壤栽培。每年均设连作土施用微生物调节剂（由本科研团队自行配置）、连作土施用 N、P、K、B、Mo（按 1 hm² 施用 N 150 kg、P_2O_5 225 kg、K_2O 300 kg、B 3 kg、Mo 225 g）、连作土空白对照和轮作土空白对照共 4 个处理。

（一）微生物调节剂对连作花生植株性状的影响

3 年的试验结果表明，微生物调节剂对连作花生的生育有显著的促进作用。连作花生仅施用微生物调节剂，其主要植株性状的生育均显著好于施用 N、P、K、B、Mo 的处理，更好于连作土对照，多数性状优于轮作土对照；较 N、P、K、B、Mo 处理及连作土和轮作土对照，主茎高 3 年平均分别增加 4.31 cm、3.24 cm、1.88 cm，侧枝长分别增加 3.52 cm、3.01 cm、1.16 cm，单株结果数分别增加 3.88 个、3.64 个、1.07 个；单株总分枝数、饱果数、百果重与轮作土对照相近，较 N、P、K、B、Mo 处理和连作土对照分别增加 0.61 条和 0.66 条、1.35 个和 0.84 个、8 g 和 13 g（表 4-27）。以上结果表明，所施用的微生物调节剂有可能调节或改变连作花生的土壤及根际微生物区系，也有可能直接刺激花生生育。

表 4-27 微生物调节剂对连作花生植株性状的影响

处理	年度	主茎高 (cm)	侧枝长 (cm)	分枝数 (条)	单株结果数 (个)	单株饱果数 (个)	百果重 (g)
微生物调节剂	1993	27.94	30.88	9.00	18.25	8.13	241.0
	1994	21.00	24.25	10.00	17.13	5.13	212.0
	1995	24.50	27.50	12.30	26.17	6.17	230.0
	平均	24.48	27.54	10.43	20.52	6.48	227.67
N、P、K、B、Mo	1993	25.38	29.00	8.50	16.75	7.25	214.0
	1994	16.13	19.38	10.13	13.50	3.88	185.0
	1995	19.00	23.67	10.83	19.67	4.33	260.0
	平均	20.17	24.02	9.82	16.64	5.13	219.67
连作土对照	1993	24.00	27.63	9.25	14.13	7.25	228.0
	1994	18.40	21.30	9.40	15.83	3.00	186.0
	1995	21.33	24.67	10.67	20.67	6.67	230.0
	平均	21.24	24.53	9.77	16.88	5.64	214.67
轮作土对照	1993	25.38	29.38	10.13	17.63	7.00	251.0
	1994	21.25	24.25	9.38	18.88	5.25	205.0
	1995	21.17	25.50	12.17	21.83	8.17	230.0
	平均	22.60	26.38	10.56	19.45	6.81	228.67

(二) 微生物调节剂对连作花生生物产量的影响

1993 年和 1995 年的试验结果显示,微生物调节剂可以显著提高连作花生的生物产量,2 年分别较连作土对照增产 23.15% 和 48.04%,平均增产 33.02%;较轮作土对照分别增产 0.005% 和 20.04%,平均增产 10.57%;较施用 N、P、K、B、Mo 肥料处理分别增产 23.85% 和 35.83%,平均增产 30.27%(表 4-28)。以上结果表明,微生物调节剂有可能促进土壤中有机质的矿物质分解,从而改善花生的营养供应,使连作花生的生物产量高于施肥处理。

表 4-28 微生物调节剂对连作花生生物产量的影响

处理	年度	生物产量 (g/盆)	较连作土 (g/盆)	较连作土 (%)	较轮作土 (g/盆)	较轮作土 (%)
微生物调节剂	1993	94.60	30.70	48.04	0.50	0.005
	1995	119.80	22.52	23.15	20.00	20.04
	平均	107.20	26.61	33.02	10.25	10.57

（续表）

处理	年度	生物产量（g/盆）	较连作土		较轮作土	
			（g/盆）	（%）	（g/盆）	（%）
N、P、K、B、Mo	1993	76.38	12.48	19.53	−17.72	−18.83
	1995	88.20	−9.08	−9.33	−11.60	−11.62
	平均	82.29	1.70	2.11	−14.66	−15.12
连作土对照	1993	63.90			−30.20	−32.09
	1995	97.28			−2.52	−2.53
	平均	80.59			−16.36	−16.87
轮作土对照	1993	94.10	30.20	47.26		
	1995	99.80	2.52	2.59		
	平均	96.95	16.36	20.30		

（三）微生物调节剂对连作花生荚果产量的影响

通过对 1993—1995 年的试验结果进行统计表明，微生物调节剂可以显著提高连作花生的荚果产量，使连作花生的产量超过或接近轮作花生。其中，3 年有 2 年增产，分别增产 6.1% 和 13.7%，3 年平均增产 4.6%；较连作土对照显著增产，增产 19.8%～55.4%，平均增产 32.1%；较连作土施用 N、P、K、B、Mo 肥料处理也显著增产，增产 25.47%～39.58%，平均增产 34.92%（表 4 - 29）。各年度的试验经方差分析表明，处理的 F 值均达极显著水平。经 LSR 检验，微生物调节剂处理较连作土对照，1 年增产达极显著，2 年增产达显著（表 4 - 30）。

表 4 - 29　微生物调节剂对连作花生荚果产量的影响

处理	年度	荚果产量（g/盆）	较连作土		较轮作土	
			（g/盆）	（%）	（g/盆）	（%）
微生物调节剂	1993	64.8	23.1	55.4	3.7	6.1
	1994	39.9	8.0	25.1	−4.8	−10.7
	1995	73.7	12.2	19.8	8.9	13.7
	平均	59.5	14.4	32.1	2.6	4.6
N、P、K、B、Mo	1993	47.8	6.1	14.6	−13.3	−21.8
	1994	31.8	−0.1	−0.003	−12.9	−28.9
	1995	52.8	−8.7	−14.1	−12.0	−18.5
	平均	44.1	−0.9	−2.0	−12.7	−22.4

（续表）

处理	年度	荚果产量（g/盆）	较连作土（g/盆）	较连作土（%）	较轮作土（g/盆）	较轮作土（%）
连作土对照	1993	41.7			−19.4	−31.8
	1994	31.9			−12.8	−28.6
	1995	61.5			−3.3	−5.1
	平均	45.0			−11.8	−20.8
轮作土对照	1993	61.1	19.4	46.5		
	1994	44.7	12.8	40.1		
	1995	64.8	3.3	5.4		
	平均	56.9	11.8	26.3		

表 4-30 各年度试验处理间差异显著比较

1993 年				1994 年				1995 年			
处理	平均产量（g/盆）	差异显著性 0.05	差异显著性 0.01	处理	平均产量（g/盆）	差异显著性 0.05	差异显著性 0.01	处理	平均产量（g/盆）	差异显著性 0.05	差异显著性 0.01
微生物调节剂	64.8	a	A	轮作土对照	44.7	a	A	微生物调节剂	73.7	a	A
轮作土对照	61.1	a	A	微生物调节剂	39.9	a	AB	轮作土对照	64.8	ab	AB
N、P、K、B、Mo	47.8	b	B	连作土对照	31.9	b	B	连作土对照	61.5	b	AB
连作土对照	41.7	b	B	N、P、K、B、Mo	31.8	b	B	N、P、K、B、Mo	52.8	b	B

二、摩西斗管囊霉对消减花生连作障碍的作用

取花生连作 5 年 0～20 cm 的耕层土壤。采用盆栽试验,盆口直径为 39 cm,高 30 cm,每盆装土 18 kg,经 ^{60} 钴辐射灭菌后室温放置 1 周。供试花生品种为花育 22,种子经 70% 乙醇消毒 2 min 后放置于 25℃黑暗培养箱,待幼根长至 3～5 cm 时开始播种,每盆 2 穴,每穴 2 粒,出苗后每穴留 1 株长势一致的健康苗。供试 AMF 菌

种摩西斗管囊霉来自北京农林科学院植物营养与资源研究所,编号为 BGCHLJ02,用保存在三叶草栽培基质中的孢子、菌根和菌丝作为接种物。

试验处理:①播种时在萌发种子周围均匀撒入 10 g 含有摩西斗管囊霉的菌土(大约含有 300 个孢子,＋AMF);②播种时在萌发种子周围撒入 10 g 经高温高压灭菌的相同菌土(经高温高压灭菌未含有摩西斗管囊霉活性孢子的菌土作为对照,－AMF)。所有处理均施等量基肥,每个试验处理 20 盆,6 次重复。

对出苗后 30 d 的花生根系进行摩西斗管囊霉侵染率检测,发现摩西斗管囊霉已经成功侵染花生根系,在连作花生根系表面长出菌丝(图 4 - 15A),在根系细胞内也长出丛枝状共生体(图 4 - 15B)。

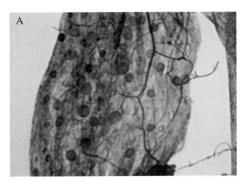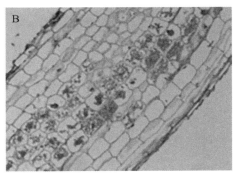

图 4 - 15 摩西斗管囊霉侵染花生根系情况

A. 在 10 倍光学显微镜下的摩西斗管囊霉侵染花生根系外观平面图;B. 利用石蜡切片观察摩西斗管囊霉侵染花生根系的纵切面图

(一) 摩西斗管囊霉对连作花生叶片叶绿素含量的影响

在花针期和饱果期,接种摩西斗管囊霉显著提高连作花生叶绿素的含量。与对照相比,在花针期接种摩西斗管囊霉增加了连作花生叶片叶绿素 a、叶绿素 b 和总叶绿素含量,分别提高了 12.98％、14.67％和 18.44％;在饱果期接种摩西斗管囊霉增加了连作花生叶片叶绿素 a、叶绿素 b 和总叶绿素含量,分别提高了 10.55％、10.13％和 12.67％(表 4 - 31)。以上试验结果说明摩西斗管囊霉能够促进连作花生叶片叶绿素含量,这可能是其提高花生叶片光合作用的根本原因,且对连作花生早期叶片生长的作用更大。

表 4-31　接种摩西斗管囊霉对连作花生叶片中叶绿素含量的影响

单位：mg/(g FW)

处理	花针期			饱果期		
	叶绿素 a	叶绿素 b	总叶绿素	叶绿素 a	叶绿素 b	总叶绿素
−AMF	2.08±0.17	0.75±0.06	2.82±0.23	2.18±0.05	0.79±0.01	3.00±0.07
+AMF	2.35±0.08*	0.86±0.03*	3.34±0.11*	2.41±0.07*	0.87±0.02*	3.38±0.09*

注：*表示差异显著($P<0.05$)。

(二) 高温强光下摩西斗管囊霉对连作花生苗期叶片叶绿素荧光参数的影响

原初反应最大量子效率(Fv/Fm)可用于衡量高温强光胁迫下连作花生叶片光系统Ⅱ(PSⅡ)光抑制的程度。高温强光处理后，接种和未接种摩西斗管囊霉的连作花生叶片 Fv/Fm 都开始下降，但接种摩西斗管囊霉的下降速度显著慢于未接种的处理。4 h 高温强光胁迫结束时，接种和未接种摩西斗管囊霉的花生叶片 Fv/Fm 值下降幅度分别为 19.14% 和 25.40%(图 4-16A)，说明接种摩西斗管囊

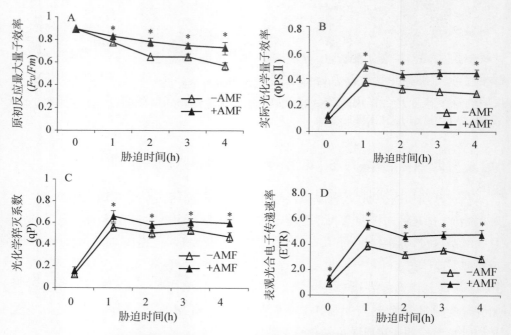

图 4-16　接种摩西斗管囊霉对高温强光下连作花生花针期叶片叶绿素荧光参数
Fv/Fm(A)、ΦPSⅡ(B)、qP(C)和 ETR(D)的影响

注：*表示差异显著($P<0.05$)。

霉可以缓解高温强光对连作花生叶片 PSⅡ 光抑制,从而保护 PSⅡ 的功能。然而,接种摩西斗管囊霉的花生叶片在高温强光处理前实际光化学量子效率(ΦPSⅡ)值就已经显著高于对照(图 4 - 16B),说明此时摩西斗管囊霉对连作花生叶片光合系统的促进作用已经开始。在高温强光处理 1 h 时,ΦPSⅡ 达到峰值,之后随着胁迫时间延长开始缓慢下降,但是与对照相比,接种摩西斗管囊霉显著提高高温强光下 ΦPSⅡ 值。同样,高温强光胁迫下,接种摩西斗管囊霉对光化学猝灭系数(qP)的影响与 ΦPSⅡ 的变化趋势一致,与对照相比,都表现为:在逆境胁迫下接种摩西斗管囊霉能够显著提高 qP 的值(图 4 - 16C)。高温强光逆境胁迫下,接种和未接种摩西斗管囊霉连作花生叶片叶绿素荧光参数表观光合电子传递速率(ETR)值的变化趋势与 ΦPSⅡ 相同(图 4 - 16D),都表现为胁迫处理 0 h 和 4 h 时接种摩西斗管囊霉的 ETR 值显著高于未接种的,这意味着接种摩西斗管囊霉能够提高连作花生抵抗夏日高温强光胁迫的能力。

(三) 摩西斗管囊霉对连作花生叶片光合碳同化酶及其他防御性酶活性的影响

在花针期,接种摩西斗管囊霉的连作花生叶片核酮糖- 1,5 -二磷酸核酮糖羧化酶/加氧酶(Rubisco)活性显著高于未接种的处理,其提高幅度为 26.52%;与花针期相比,饱果期的连作花生叶片 Rubisco 活性有所下降,但与未接种摩西斗管囊霉相比,接种摩西斗管囊霉仍能够显著提高其 32.73% 的酶活(图 4 - 17A),说明饱果期的花生叶片光合作用减弱,而接种摩西斗管囊霉能够延缓叶片光合器官衰老,进而为花生荚果膨大输送更多的养分。

接种摩西斗管囊霉对连作花生叶片中谷胱甘肽过氧化物酶(GSH - PX)活性的影响与 Rubisco 活性变化趋势相似(图 4 - 17B),即摩西斗管囊霉显著提高连作花生花针期和饱果期叶片的 GSH - PX 活性。抗坏血酸(AsA)是植物细胞最重要的抗氧化剂之一。接种摩西斗管囊霉也显著增加连作花生花针期和饱果期叶片中 AsA 的含量,尤其是在饱果期增加幅度更大,是未接种摩西斗管囊霉的 2 倍(图 4 - 17C)。因此,摩西斗管囊霉能有效清除氧自由基,提高连作花生叶片抗脂质过氧化作用的保护系统。另外,脯氨酸(Proline)是重要的胁迫保护物质。与未接种摩西斗管囊霉相比,接种摩西斗管囊霉也能够显著提高连作花生花针期和饱果期叶片中 Proline 的含量,分别提高 23.34% 和 64.01%(图 4 - 17D);饱果期增加幅度更显著,也说明接种摩西斗管囊霉可以有效提高连作花生叶片对逆境胁迫的抵抗能力。

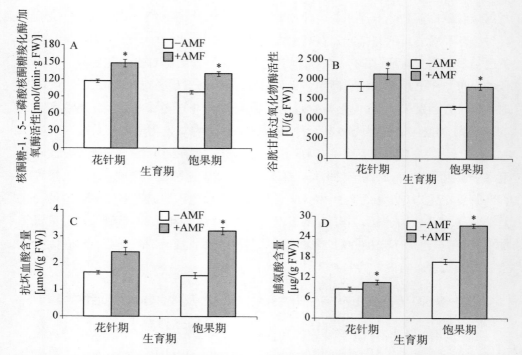

图 4 - 17 接种摩西斗管囊霉对连作花生花针期和饱果期叶片中核酮糖-1,5-二磷酸核酮糖羧化酶/加氧酶（A）、谷胱甘肽过氧化物酶（B）、抗坏血酸（C）和脯氨酸（D）含量的影响

注：*表示差异显著（$P<0.05$）。

（四）摩西斗管囊霉对连作花生叶片矿物质含量的影响

与花针期相比，饱果期连作花生叶片中全氮、全磷和全钾的含量均明显减少，这可能与荚果发育需要更多的矿物质有关。因此，在荚果膨大期叶片中的矿物质要向荚果运输以满足籽仁发育需求。无论花针期还是饱果期，与未接种摩西斗管囊霉相比，接种摩西斗管囊霉都能显著增加叶片中全氮、全磷和全钾的含量（图4-18A、B、C）。可见，摩西斗管囊霉可以增加连作花生叶片对氮、磷和钾元素的吸收，从而有更多的矿物质元素向荚果输送，有利于荚果膨大。另外，与未接种摩西斗管囊霉相比，接种摩西斗管囊霉能显著增加连作花生叶片中钙的含量，在花针期和饱果期分别增加了 8.12% 和 12.98%（图 4-18D）。钙离子是植物必不可少的矿物质元素，作为第二信使参与调控植物的光合作用。在连作花生饱果期，叶片开始衰老，光合作用减弱，而摩西斗管囊霉显著增加了花生叶片中钙的含量，有利于缓解连作花生叶片的衰老，这也是摩西斗管囊霉进一步提高饱果期连作花生叶片钙含量的主要原因。

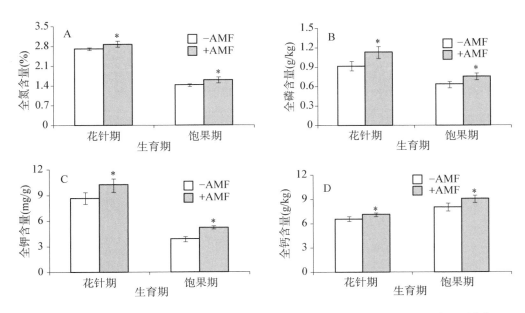

图 4 - 18　接种摩西斗管囊霉对连作花生叶片中全氮(A)、全磷(B)、全钾(C)和全钙(D)含量的影响

注：＊表示差异显著($P<0.05$)。

（五）摩西斗管囊霉对连作花生根际土壤酶活性的影响

接种摩西斗管囊霉的连作花生土壤的蔗糖酶活性在花生苗期、盛花期、荚果膨大期和收获期都要高于对照,而且在收获期达到显著水平。接种摩西斗管囊霉的连作花生土壤的脲酶活性在花生各个生长时期都高于未接种的土壤,并在苗期和收获期达到显著水平。与对照相比,接种摩西斗管囊霉的花生连作土壤的碱性磷酸酶活性在花生各个生长时期都显著提高。另外,未接种摩西斗管囊霉的土壤硝酸还原酶活性在花生盛花期之后开始下降,而接种的土壤则开始上升,而且显著高于未接种的土壤(图 4 - 19)。

（六）摩西斗管囊霉对连作花生根际土壤矿物质养分的影响

与未接种的相比,接种摩西斗管囊霉的连作花生土壤全氮和全磷含量在盛花期和收获期均有显著提高;而全钾含量只在收获期显著增加,盛花期没有达到显著水平(表 4 - 32)。另外,摩西斗管囊霉提高了土壤碱解氮含量,但是没有达到显著水平,

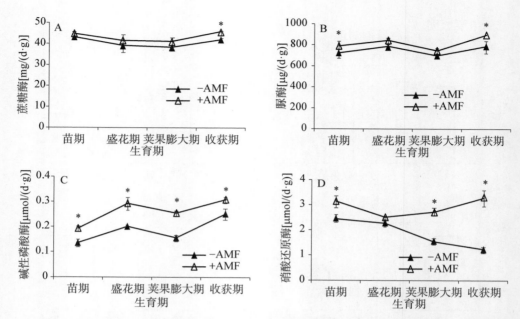

图4-19　接种摩西斗管囊霉对连作花生不同生长时期的连作根际土壤蔗糖酶(A)、脲酶(B)、碱性磷酸酶(C)和硝酸还原酶(D)活力的影响

注：* 表示差异显著($P<0.05$)。

这与土壤中的全氮含量显著提高结果不一致。接种摩西斗管囊霉的连作花生土壤显著提高了有效磷的含量，其与土壤中全磷的含量变化一致。速效钾含量与全钾含量变化趋势一致，表现为收获期速效钾含量显著增加（表4-33）。

表4-32　接种和未接种摩西斗管囊霉的连作花生根际土壤全氮、全磷和全钾含量比较

处理	全氮(g/kg)		全磷(g/kg)		全钾(mg/g)	
	盛花期	收获期	盛花期	收获期	盛花期	收获期
−AMF	1.23±0.06	0.74±0.02	0.59±0.06	0.37±0.04	6.67±0.22	3.57±0.67
+AMF	1.44±0.06*	0.82±0.03*	0.70±0.03*	0.47±0.07*	7.41±0.57	5.39±0.73*

注：* 表示差异显著($P<0.05$)。

表4-33　接种摩西斗管囊霉对连作花生根际土壤碱解氮、有效磷和速效钾含量的影响

处理	碱解氮(mg/kg)		有效磷(g/kg)		速效钾(mg/kg)	
	盛花期	收获期	盛花期	收获期	盛花期	收获期
−AMF	73.39±3.66	75.77±3.66	0.18±0.01	0.15±0.01	15.40±0.56	11.03±0.64
+AMF	74.86±5.54	81.67±7.00	0.21±0.02*	0.18±0.00*	16.17±0.47	13.20±0.66*

注：* 表示差异显著($P<0.05$)。

（七）摩西斗管囊霉对连作花生根际微生物的影响

1. 接种摩西斗管囊霉对连作花生土壤真菌的影响

真菌抽平之后的序列数为 65818，对其进行 OTU 分析，共获得 1115 个 OTU。未接种摩西斗管囊霉的连作花生在盛花期和收获期的 OTU 数目分别为 471 个和594 个，接种摩西斗管囊霉增加了连作花生盛花期和收获期土壤中真菌的 OTU 丰度，其 OTU 数目分别为 504 个和 705 个，其中 267 个 OTU 为接种和未接种摩西斗管囊霉在盛花期和收获期共同所有（图 4-20A）。进一步对真菌门水平分析发现，接种和未接种摩西斗管囊霉的连作花生土壤中优势真菌为子囊菌门。在盛花期和收获期，接种和未接种摩西斗管囊霉的连作花生土壤子囊菌门占整个真菌门的比例分别为 98%、97%、89% 和 81%；其他真菌门相对较少，包括被孢菌门、担子菌门和未分类菌门（图 4-20B）。通过对真菌属水平进一步分析发现，接种摩西斗管囊霉的土壤中枝顶孢属（*Acremonium*）的多度比未接种的有所增加（图4-20C），特别在收获期达到了极显著水平（图 4-20D）。在盛花期，篮状菌属（*Talaromyces*）、镰刀菌属（*Fusarium*）、曲霉菌属（*Aspergillus*）、葡萄状穗霉属（*Stachybotrys*）、足放线病属（*Scedosporium*）和赤霉属（*Gibberella*）的多度在接种摩西斗管囊霉的连作花生土壤中都有所减少，但是没有达到显著水平（图 4-20C）。在收获期，与未接种的相比，接种摩西斗管囊霉显著降低了连作花生土壤中曲霉菌属（*Aspergillus*）的多度（图 4-20D）。

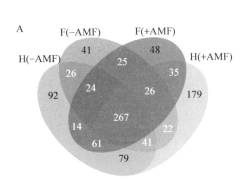

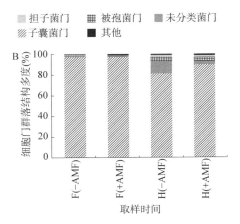

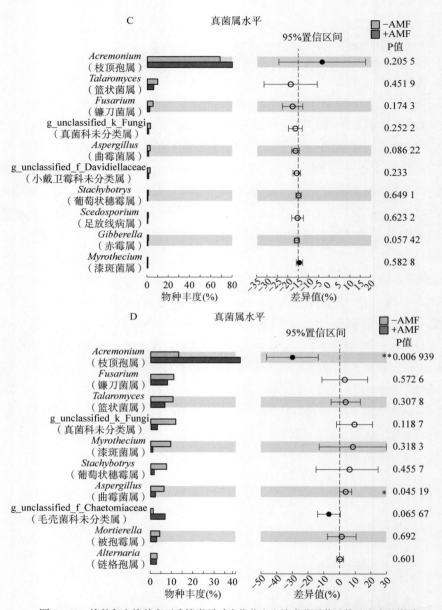

图 4 - 20　接种和未接种摩西斗管囊霉对连作花生土壤真菌群落结构及多度的影响

A. 不同时期不同处理间真菌分类操作单元丰度的韦恩图;B. 接种摩西斗管囊霉改变连作花生土壤真菌门的多度;C. 接种摩西斗管囊霉对盛花期花生根际土壤真菌属影响不显著;D. 接种摩西斗管囊霉对收获期花生根际土壤真菌属影响显著

注:－AMF—未接种摩西斗管囊霉;＋AMF—接种摩西斗管囊霉。F(－AMF)—未接种摩西斗管囊霉的盛花期花生根际土壤;F(＋AMF)—接种摩西斗管囊霉的盛花期花生根际土壤;H(－AMF)—未接种摩西斗管囊霉的收获期花生根际土壤;H(＋AMF)—接种摩西斗管囊霉的收获期花生根际土壤。＊表示差异显著(P＜0.05);＊＊表示差异极显著(P＜0.01)。

2. 接种摩西斗管囊霉对连作花生土壤细菌的影响

细菌抽平之后的序列数共有 34 590 个,通过有效聚类共获得 4 529 个 OTU。其中,盛花期未接种摩西斗管囊霉的 OTU 数为 3 947 个,接种后减少为 3 893 个;与盛花期相比,收获期接种和未接种摩西斗管囊霉的 OTU 数都有所减少,分别为 3 913 个和 3 837 个;无论是盛花期还是收获期都表现为接种摩西斗管囊霉减少了 OUT 的丰度(图 4 - 21A)。对细菌门水平分析表明,接种和未接种摩西斗管囊霉的连作花生土壤中优势细菌依次为放线菌门、变形菌门、绿弯菌门、酸杆菌门和厚壁菌门(图 4 - 21B)。未接种摩西斗管囊霉的连作花生根际土壤在盛花期的放线菌门多度为 25%,而接种的为 27%,提高 2 个百分点。同样,摩西斗管囊霉也提高了连作花生收获期土壤中放线菌门的多度,提高 3 个百分点。然而,与放线菌的增加趋势相反,接种摩西斗管囊霉的连作花生土壤中绿弯菌门的多度有所减少,与未接种的相比,在盛花期和收获期分别减少了 5 个百分点和 2 个百分点。同时,摩西斗管囊霉也提高了芽单胞菌门和硝化螺旋菌门的相对比例(图 4 - 21B)。进一步分析盛花期连作花生根际土壤细菌属的变化情况,结果发现,摩西斗管囊霉显著提高了盛花期土壤中 JG30 - KF - CM45 目未知菌属(g_norank_o_G30 - KF - CM45)和芽单胞菌科未知属(g_norank_f_Ge-mmatimonadaceae)norank_f_Gemmatimonadaceae 的多度,而微球菌科未分类属(g_ unclassified_ f_ Micrococcaceae)的多度显著减少(图 4 - 21C)。而在收获期则表现为,摩西斗管囊霉显著增加了 Gaiellales 目未知属(g_norank_o_Gaiellales)和 *Gaiella* 的多度(图 4 - 21D)。另外,摩西斗管囊霉增加了花生连作土壤中硝化螺旋菌属(*Nitrospira*)的多度,但是没有达到显著水平。

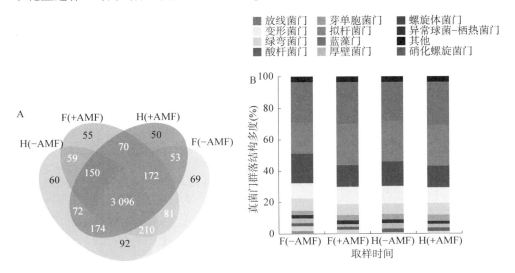

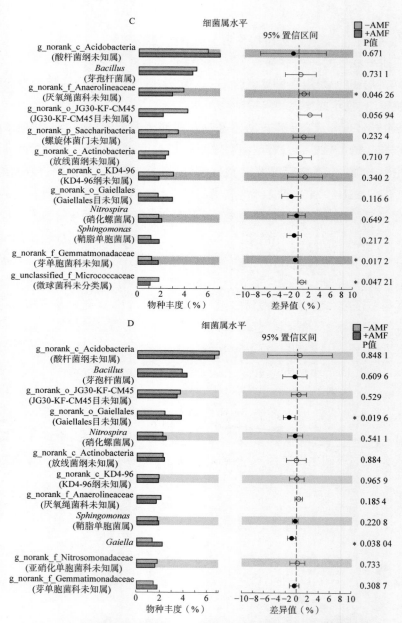

图4-21 接种摩西斗管囊霉对花生连作土壤细菌群落结构及丰度的影响

A. 不同时期不同处理间细菌操作分类单元丰度的韦恩图;B. 接种摩西斗管囊霉改变细菌门多度;
C. 接种摩西斗管囊霉显著改变盛花期花生根际土壤细菌属的多度;D. 接种摩西斗管囊霉显著改变收获期花生根际土壤细菌属的多度
注:—AMF—未接种摩西斗管囊霉;+AMF—接种摩西斗管囊霉。F(—AMF)—未接种摩西斗管囊霉的盛花期花生根际土壤;F(+AMF)—接种摩西斗管囊霉的盛花期花生根际土壤;H(—AMF)—未接种摩西斗管囊霉的收获期花生根际土壤;H(+AMF)—接种摩西斗管囊霉的收获期花生根际土壤。
* 表示差异显著($P<0.05$)。

（八）摩西斗管囊霉对连作花生生长及干物质积累的影响

在结荚期和饱果期,接种摩西斗管囊霉与未接种的连作花生主茎高和侧枝长之间存在显著差异,接种摩西斗管囊霉可显著提高连作花生的株高(图 4 - 22A、B),但是对花针期和成熟期的株高影响没有达到显著水平。另外,接种摩西斗管囊霉对连作花生的分枝数也没有显著的影响(图 4 - 22C)。与未接种摩西斗管囊霉的相比,接种摩西斗管囊霉显著提高了连作花生花针期、结荚期和成熟期的根干重,分别提高 32.53%、16.67% 和 18.47%(图 4 - 22D)。同时,接种摩西斗管囊霉只是显著提高了连作花生结荚期和饱果期的茎干重,而对花针期和成熟期的茎和

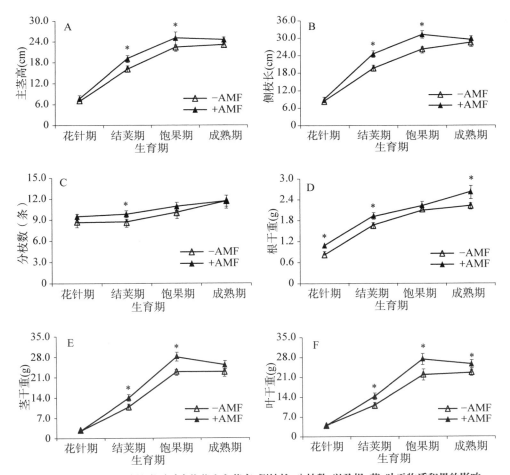

图 4 - 22　接种摩西斗管囊霉对连作花生主茎高、侧枝长、分枝数,以及根、茎、叶干物质积累的影响

注:＊表示差异显著($P<0.05$)。

叶干重影响不显著(图 4 - 22E)。但是,接种摩西斗管囊霉对连作花生叶片干重的影响较大。除花针期外,接种摩西斗管囊霉显著增加了结荚期、饱果期和成熟期连作花生的叶干重(图 4 - 22F),这可能与摩西斗管囊霉提高叶片光合作用和增加矿物质含量有关。

(九) 摩西斗管囊霉对连作花生产量和品质的影响

与对照相比,接种摩西斗管囊霉的连作花生单株结果数、单株果重和饱果率分别提高了 12%、20%和 10%,显著增加了连作花生的产量。对花生品质分析表明,接种摩西斗管囊霉显著提高了连作花生籽仁蛋白质、总氨基酸、油酸和亚油酸含量,较对照分别提高 3.55%、3.01%、4.92%和 3.08%(表 4 - 34)。

表 4 - 34　接种摩西斗管囊霉对连作花生产量和品质的影响

处理	单株结果数 (个)	单株果重 (g)	饱果率 (%)	蛋白质含量 (%)	总氨基酸含量 (%)	油酸含量 (%)	亚油酸含量 (%)
−AMF	34.67±2.08	41.85±2.87	60.82±0.02	18.34±0.17	18.29±1.68	52.46±1.16	24.12±1.37
+AMF	39.33±0.58*	52.05±0.79*	70.33±0.04*	21.89±0.22*	21.30±0.97*	57.38±1.32*	27.20±1.19*

注:＊表示差异显著($P < 0.05$)。

第五节
耕作制度对消减花生连作障碍的作用

一、土层翻转改良耕地法对消减花生连作障碍的作用

试验设 5 个处理:常规深耕 50 cm(土层不乱);翻转深耕 50 cm(图 4-23 左);常规耕 30 cm(土层不乱);翻转耕 30 cm(图 4-23 右);常规耕 20 cm(CK)。

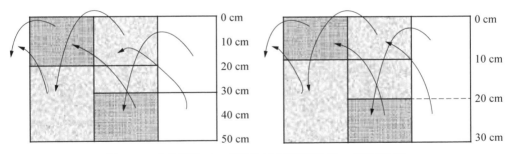

图 4-23　翻转深耕 50 cm 耕作法(左)和翻转耕 30 cm 耕作法(右)

(一) 土层翻转改良耕地法对连作花生产量的影响

土层翻转改良耕地法既加厚了土层,又改变了连作土壤的理化性状,为花生生长创造了良好的生态环境,从而使花生产量大幅度提高。土层翻转深耕 50 cm,较常规耕 20 cm 增产幅度较大,每 666.7 m² 增产 50.55 kg,增幅 29.6%;翻转耕 30 cm 比常规耕 20 cm 增产也达 17.1%。常规深耕 50 cm 仅比常规耕 20 cm 增产

16.2%，而较翻转深耕 50 cm 减产 10.3%。常规耕 30 cm 仅比常规耕 20 cm 增产 3.9%，而较翻转耕 30 cm 减产 11.3%。以上试验结果表明，在连作花生田，翻转耕不但具有常规深耕的优点，而且还有常规深耕所起不到的作用；翻转深耕 50 cm 效果好于翻转耕 30 cm（表 4-35）。

表 4-35　土层翻转改良耕地法对连作花生产量的影响

处理	产量(kg/666.7 m²)	各处理较对照(CK)	
		(kg/666.7 m²)	(%)
常规深耕 50 cm	198.70	27.70	16.2
翻转深耕 50 cm	221.55	50.55	29.6
常规耕 30 cm	177.60	6.60	3.9
翻转耕 30 cm	200.25	29.25	17.1
常规耕 20 cm(CK)	171.00		

（二）土层翻转改良耕地法对连作花生田杂草的影响

生产上，翻耕可将部分草籽翻入土层深处，减轻杂草危害。土层翻转耕地法将一定厚度的心土翻转于地表，大部分草籽被盖入土层深处，从而较好地减轻了杂草危害。在杂草丛生的季节（7 月初）调查，翻转深耕 50 cm，平均有杂草 21.0 株/m²，较常规深耕 50 cm 少 27.68 株/m²、减幅 56.86%，较常规耕 20 cm 少 70.66 株/m²、减幅 77.09%；翻转耕 30 cm 平均有杂草 39.66 株/m²，较常规耕 20 cm 少 52.0 株/m²、减幅 56.73%。以上结果表明，翻转深耕 50 cm 对防治连作花生田杂草危害具有良好的效果（表 4-36）。

表 4-36　土层翻转耕地改良法对连作花生田主要杂草的影响

处理	杂草发生量(株/m²)						
	马唐	稗草	苋菜	马齿苋	莎草	其他	合计
常规深耕 50 cm	7.67	6.67	8.00	18.67	5.67	3.00	48.68
翻转深耕 50 cm	1.67	1.33	11.00	0.00	0.00	7.00	21.00
常规耕 30 cm	10.33	9.33	17.80	33.07	1.73	3.99	76.25
翻转耕 30 cm	6.67	10.33	11.33	4.00	0.00	7.33	39.66
常规耕 20 cm(CK)	15.33	14.67	19.00	27.00	11.67	3.99	91.66

（三）土层翻转改良耕地法对连作花生叶斑病发病的影响

残留于地表的残株茎叶上所带的叶斑病病菌，是花生叶斑病的主要初侵染源。

土层翻转耕地法将一定厚度的心土翻转于地表,对地表上的病残株有良好的掩埋作用,从而减少了叶斑病的初侵染源,减轻了叶斑病的发生。据田间观察,土层翻转深耕 50 cm,花生网斑病的发病时间推迟,病情指数降低,到收获期茎枝衰老较轻、不枯萎。7 月上旬田间定点调查,翻转深耕 50 cm,主茎保留叶片数比常规耕 20 cm 多近 1 片复叶,落叶率降低 4.36%;病叶数普遍率较常规耕 20 cm 降低 4.0%,较常规深耕 50 cm 降低 3.22%;网斑病病情指数较常规耕 20 cm 降低 4.26%,较常规深耕 50 cm 降低 3.97%;各种叶斑病总病情指数较常规耕 20 cm 降低 4.07%,较常规深耕 50 cm 降低 3.65%。翻转耕 30 cm 对叶斑病也有一定的防治效果,但明显低于翻转深耕 50 cm 的效果(表 4 - 37)。

表 4 - 37 土层翻转耕地改良法对连作花生叶斑病发病的影响

处理	调查叶片数（片）	落叶数（片）	落叶率（%）	病叶数普遍率（%）	病情指数		
					网斑病	褐斑病	黑斑病
常规深耕 50 cm	1 316	836	63.53	80.77	71.81	0.30	0.15
翻转深耕 50 cm	1 216	745	61.27	78.17	68.96	0.31	0.35
常规耕 30 cm	1 312	846	64.48	81.13	72.00	0.37	0.29
翻转耕 30 cm	1 296	819	63.19	80.97	71.81	0.43	0.06
常规耕 20 cm(CK)	1 316	843	64.06	81.43	72.06	0.18	0.33

鉴于土层翻转改良法带来的良好效果,团队研发了土层置换式深翻犁,并入选 2023 中国农业农村重大新成果——新装备类。

二、冬闲期耕作方式对连作花生的影响

选用大花生品种山花 108,密度 15 万穴/hm²(行距为 30 cm,株距为 20 cm),每穴播 2 粒。以农民常规种植方式冬闲期免耕晾晒土地后整地种植(冬闲免耕露地,MGLD)为对照,设置冬闲期免耕晾晒土地后整地覆膜种植(冬闲免耕覆膜,MGFM),冬闲期翻耕晾晒土地后整地种植(冬闲翻耕露地,FGLD),冬闲期翻耕晾晒土地后整地覆膜种植(冬闲翻耕覆膜,FGFM),前茬花生收获后常规种植冬小麦、于花生种植前粉碎还田后整地种植(冬闲压青露地,YQLD),前茬花生收获后常规种植冬小麦、于花生种植前粉碎还田后整地覆膜种植(冬闲压青覆膜,YQFM)

5 种冬闲期栽培方式处理(表 4 - 38),每个处理重复 3 次,小区面积 23 m×6 m＝138 m^2。冬闲压青处理为花生收获后机械播种小麦(品种为济麦 22),于小麦灌浆初期压青还田,还田量为 5.5×10^4 kg/hm^2。所有处理均于花生播种前基施复合肥(N－P$_2$O$_5$－K$_2$O＝15－15－10)600 kg/hm^2。

表 4 - 38　试验设计

处　　理	栽培方式
冬闲期翻耕晾晒土地后整地种植(FGLD)	前茬花生收获后于 10 月 10 日翻耕,冬闲晾晒土地,直至花生播种前于次年 5 月 5 日旋耕两遍,花生播种后不覆膜
冬闲期翻耕晾晒土地后整地覆膜种植(FGFM)	前茬花生收获后于 10 月 10 日翻耕,冬闲晾晒土地,直至花生播种前于次年 5 月 5 日旋耕两遍,花生播种后覆膜
前茬花生收获后常规种植冬小麦,于花生种植前粉碎还田后整地种植(YQLD)	前茬花生收获后于 10 月 10 日翻耕,旋耕 2 遍,种上小麦,至灌浆初期次年 5 月 5 日进行小麦秸秆压青还田、翻耕,旋耕两遍,花生播种后不覆膜
前茬花生收获后常规种植冬小麦,于花生种植前粉碎还田后整地覆膜种植(YQFM)	前茬花生收获后于 10 月 10 日翻耕,旋耕 2 遍,种上小麦,至灌浆初期次年 5 月 5 日进行小麦秸秆压青还田、翻耕,旋耕两遍,花生播种后覆膜
冬闲期免耕晾晒土地后整地种植(MGLD)	前茬花生收获后不翻耕,冬闲晾晒土地,于次年 5 月 5 日进行翻耕,然后旋耕两遍,花生播种后不覆膜
冬闲期免耕晾晒土地后整地覆膜种植(MGFM)	前茬花生收获后不翻耕,冬闲晾晒土地,于次年 5 月 5 日进行翻耕,然后旋耕两遍,花生播种后覆膜

(一)冬闲期耕作方式对连作花生土壤理化性质的影响

同一耕作方式,与露地处理相比,覆膜处理显著降低 0～20 cm 土层的土壤容重,提高 0～20 cm 土壤的孔隙度及有机质含量。与 MGFM 处理相比,YQFM、FGFM 处理 0～20 cm 土层的土壤容重平均降低 9.12％、4.57％,土壤孔隙度平均提高 7.55％、4.29％,有机质含量平均提高 13.48％、6.14％;与 MGLD 处理相比,YQLD、FGLD 处理容重平均降低 8.53％、3.76％,孔隙度和有机质含量平均提高 8.03％、3.87％和 13.78％、5.59％。以上试验结果说明,无论覆膜与否,冬闲压青和冬闲翻耕较冬闲免耕均可降低 0～20 cm 土层的土壤容重,提高土壤的孔隙度及有机质含量,改善连作花生的土壤理化性质。与 MGLD 处理相比,其他 5 种耕作方式均可改善 0～20 cm 土层的土壤理化性质,且以 YQFM 处理最优(表 4 - 39)。

表 4-39　冬闲期耕作方式对连作花生土壤容重、孔隙度和有机质含量的影响

项目	土层 (cm)	处　　　理					
		YQFM	YQLD	FGFM	FGLD	MGFM	MGLD
土壤容重 (g/cm³)	0～10	1.28d	1.33c	1.34c	1.39b	1.41b	1.45a
	10～20	1.31d	1.35c	1.38c	1.43b	1.44b	1.48a
	20～30	1.47d	1.50cd	1.52bc	1.53bc	1.55b	1.59a
土壤孔隙度 (%)	0～10	51.07a	49.73b	49.69b	47.36c	47.02c	45.35d
	10～20	49.91a	48.32b	48.23b	46.91c	46.87c	45.41d
	20～30	44.57a	42.73b	42.67b	41.45bc	41.24c	39.90d
土壤有机质含量 (g/kg)	0～10	11.96a	11.72a	11.25b	10.98c	10.65d	10.34e
	10～20	10.87a	10.52b	10.11c	9.67d	9.48d	9.21e
	20～30	6.38a	6.01b	5.88b	5.85b	5.61c	5.42d

注：同一行中不同小写字母表示差异显著（$P < 0.05$）。

（二）冬闲期耕作方式对连作花生叶片色素组分含量的影响

冬闲期栽培方式下，各处理功能叶色素含量均呈先升高后降低的趋势，在结荚期达到最大值。同一耕作方式，覆膜较露地处理显著提高功能叶片叶绿素 a、叶绿素 b 和类胡萝卜素含量。与 YQLD 处理相比，YQFM 处理叶绿素 a、叶绿素 b 含量分别提高 5.51%、6.59%；与 FGLD、MGLD 处理相比，FGFM、MGFM 处理叶绿素 a+b 和类胡萝卜素含量分别提高 5.66%、12.81% 和 7.95%、16.17%。与 MGFM 和 MGLD 处理相比，YQFM、FGFM、YQLD 和 FGLD 处理叶绿素 a+b 分别提高 20.59%、9.18%、23.01%、11.56%。可见，无论覆膜与否，冬闲压青和冬闲翻耕较冬闲免耕均可促进叶片色素合成。与 MGLD 处理相比，其他 5 种耕作方式均可提高叶片色素合成，以 YQFM 处理最高（表 4-40）。

表 4-40　冬闲期栽培方式对连作花生叶片色素含量的影响

单位：mg/g

项目	处理	生　育　期							
		2016 年				2017 年			
		花针期	结荚期	饱果期	收获期	花针期	结荚期	饱果期	收获期
叶绿素 a	YQFM	1.73a	2.16a	1.62a	1.41a	1.84a	2.25a	1.69a	1.42a
	YQLD	1.65b	2.06b	1.55b	1.34b	1.41b	2.09b	1.60b	1.35b
	FGFM	1.75a	1.95c	1.49c	1.31b	1.89a	1.98c	1.46c	1.33b
	FGLD	1.67b	1.87d	1.37d	1.25c	1.80a	1.93d	1.39d	1.26c
	MGFM	1.72a	1.83e	1.32d	1.19d	1.82a	1.90d	1.35e	1.22c
	MGLD	1.61c	1.75f	1.23e	1.05e	1.31b	1.78e	1.29f	1.12d

（续表）

项目	处理	生育期							
		2016 年				2017 年			
		花针期	结荚期	饱果期	收获期	花针期	结荚期	饱果期	收获期
叶绿素 b	YQFM	0.63a	0.72a	0.57a	0.55a	0.69a	0.74a	0.60a	0.57a
	YQLD	0.56b	0.68b	0.53b	0.51b	0.48bc	0.70b	0.56b	0.53b
	FGFM	0.64a	0.66b	0.51b	0.49b	0.71a	0.69b	0.53bc	0.52b
	FGLD	0.57b	0.62c	0.47c	0.45c	0.64ab	0.65c	0.51cd	0.48c
	MGFM	0.62a	0.61c	0.45c	0.43c	0.68a	0.61d	0.49d	0.47c
	MGLD	0.54b	0.57d	0.41d	0.39d	0.45c	0.56e	0.45e	0.42d
类胡萝卜素	YQFM	0.36ab	0.46a	0.38a	0.35a	0.35ab	0.47a	0.37a	0.34a
	YQLD	0.31cd	0.42b	0.34b	0.31b	0.36a	0.43b	0.33b	0.30b
	FGFM	0.38a	0.41b	0.33b	0.30b	0.36a	0.42b	0.32b	0.29b
	FGLD	0.32cd	0.37c	0.29c	0.26c	0.37a	0.38c	0.29c	0.25c
	MGFM	0.34bc	0.36c	0.28c	0.25c	0.32b	0.37c	0.28c	0.24c
	MGLD	0.30d	0.32d	0.24d	0.21d	0.34ab	0.33d	0.24d	0.20d
叶绿素 a＋b	YQFM	2.27b	2.88a	2.18a	1.96a	2.52a	2.99a	2.29a	1.99a
	YQLD	2.14c	2.74b	2.08b	1.85b	2.41a	2.79b	2.16b	1.88b
	FGFM	2.35a	2.61c	2.00c	1.80b	2.60a	2.67c	1.99c	1.85b
	FGLD	2.17c	2.49d	1.84d	1.70c	2.43a	2.58d	1.90d	1.74c
	MGFM	2.25b	2.44d	1.77d	1.62d	2.50a	2.51e	1.84e	1.69d
	MGLD	2.04d	2.32e	1.65e	1.44e	2.36a	2.34f	1.74f	1.54e

注：同一参数同一列数据中不同小写字母表示差异显著（$P<0.05$）。

（三）冬闲期耕作方式对连作花生叶片光合参数的影响

1. 冬闲期耕作方式对连作花生叶片净光合速率的影响

冬闲期耕作方式对连作花生功能叶净光合速率有显著的影响。各处理功能叶净光合速率随生育进程推进均呈单峰曲线变化，在结荚期达到最大值。从结荚期到收获期，同一耕作方式覆膜处理叶片净光合速率均高于露地处理。与 YQLD、FGLD、MGLD 处理相比，YQFM、FGFM、MGFM 处理功能叶净光合速率分别提高 5.06%、5.77%、4.55%。YQFM、FGFM 处理较 MGFM 处理功能叶净光合速率分别提高 17.78%、9.51%；YQLD、FGLD 处理较 MGLD 处理功能叶净光合速率分别提高 17.22%、8.25%。以上说明，无论覆膜与否，与冬闲免耕处理相比，冬闲压青和冬闲翻耕处理均显著提高结荚期到收获期的功能叶净光合速率。与MGLD 处理相比,YQFM、YQLD、FGFM、FGLD、MGFM 处理功能叶净光合速率分别提高 23.22%、17.22%、14.55%、8.25%、4.55%(图 4 - 24)。

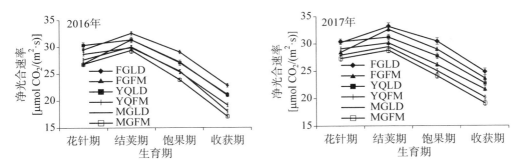

图 4 - 24　冬闲期耕作方式对连作花生叶片净光合速率的影响

2. 冬闲期耕作方式对连作花生叶片气孔导度的影响

冬闲期耕作方式对连作花生功能叶的气孔导度有明显的影响。各处理的功能叶气孔导度在花生整个生育期内均呈单峰曲线变化,在饱果期达到最大值。从结荚期到收获期,同一耕作方式覆膜处理较露地处理能提高功能叶气孔导度。与YQLD、FGLD、MGLD 处理相比,YQFM、FGFM、MGFM 处理功能叶气孔导度分别提高 5.96%、8.09%、7.29%。与 MGFM、MGLD 处理相比,YQFM、FGFM 和YQLD、FGLD 处理功能叶气孔导度分别提高 23.64%、12.52%和 25.18%、11.66%。以上说明,覆膜与未覆膜冬闲压青和冬闲翻耕较冬闲免耕均可提高功能叶气孔导度。与 MGLD 处理相比,YQFM、YQLD、FGFM、FGLD、MGFM 处理功能叶气孔导度分别提高 32.64%、25.18%、20.71%、11.66%、7.29%(图 4 - 25)。

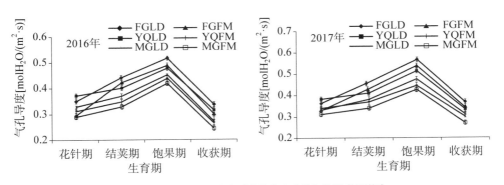

图 4 - 25　冬闲期耕作方式对连作花生叶片气孔导度的影响

3. 冬闲期耕作方式对连作花生叶片胞间 CO_2 浓度的影响

冬闲期耕作方式对连作花生功能叶胞间 CO_2 浓度有显著影响。在连作花生生育前期,胞间 CO_2 浓度较低,进入结荚期以后逐渐升高,不同耕作方式变化趋势一致。从结荚期到收获期,同一耕作方式覆膜处理较露地处理降低功能叶胞间 CO_2 浓度。与 YQLD、FGLD、MGLD 处理相比,YQFM、FGFM、MGFM 处理功能叶胞间 CO_2 浓度分别降低 2.13%、1.93%、2.14%。YQFM、FGFM 处理较 MGFM 处理功能叶胞间 CO_2 浓度分别降低 6.83%、3.30%;YQLD、FGLD 处理较 MGLD 处理功能叶胞间 CO_2 浓度分别降低 6.85%、3.51%。以上说明,覆膜与未覆膜情况下,冬闲压青和冬闲翻耕功能叶胞间 CO_2 浓度均低于冬闲免耕。YQFM、YQLD、FGFM、FGLD、MGFM 处理功能叶胞间 CO_2 浓度较 MGLD 分别降低 8.83%、6.85%、5.37%、3.51%、2.14%(图 4-26)。

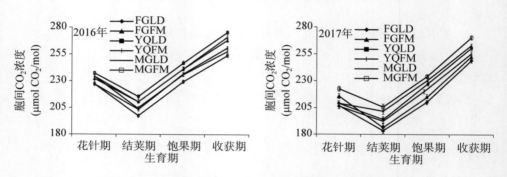

图 4-26 冬闲期栽培方式对连作花生叶片胞间 CO_2 浓度的影响

4. 冬闲期耕作方式对连作花生叶片蒸腾速率的影响

冬闲期耕作方式对连作花生功能叶蒸腾速率有显著影响。各处理的功能叶蒸腾速率随生育进程推进均呈现先增加后减少的趋势,结荚期达到最大值。从结荚期到收获期,同一耕作方式覆膜处理功能叶蒸腾速率均高于露地处理。与 YQLD、FGLD、MGLD 处理相比,YQFM、FGFM、MGFM 处理功能叶蒸腾速率分别提高 6.51%、8.32%、7.96%。YQFM、FGFM 处理较 MGFM 处理功能叶蒸腾速率分别提高 21.09%、11.32%;YQLD、FGLD 处理较 MGLD 处理功能叶蒸腾速率分别提高 22.75%、10.95%。可见,在花生花针期后,无论覆膜与否,冬闲压青和冬闲翻耕较冬闲免耕可提高叶片蒸腾速率。与 MGLD 处理相比,YQFM、YQLD、FGFM、FGLD、MGFM 处理功能叶蒸腾速率分别提高 30.81%、22.75%、20.21%、10.95%、7.96%(图 4-27)。

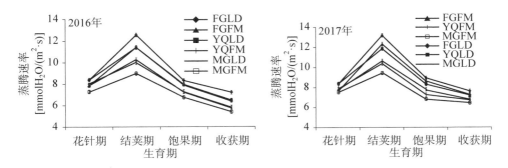

图 4-27　冬闲期耕作方式对连作花生叶片蒸腾速率的影响

（四）冬闲期耕作方式对连作花生叶片抗氧化酶活性和膜脂过氧化特征的影响

1. 冬闲期耕作方式对连作花生叶片超氧化物歧化酶（SOD）的影响

冬闲期耕作方式对连作花生功能叶 SOD 活性有显著影响。各处理叶片 SOD 活性呈现先升高后降低的趋势，结荚期达到最大值。从结荚期到收获期，与露地处理相比，同一耕作方式覆膜处理可提高功能叶 SOD 活性。与 YQLD、FGLD、MGLD 处理相比，YQFM、FGFM、MGFM 处理功能叶 SOD 活性分别提高 4.56%、5.30%、5.43%。YQFM、FGFM 处理较 MGFM 处理功能叶 SOD 活性分别提高 15.52%、7.80%；YQLD、FGLD 处理较 MGLD 处理功能叶 SOD 活性分别提高 16.51%、7.93%。以上说明，无论覆膜与否，冬闲压青和冬闲翻耕功能叶 SOD 活性均高于冬闲免耕。与 MGLD 处理相比，YQFM、YQLD、FGFM、FGLD、MGFM 处理 SOD 活性分别提高 22.01%、16.51%、13.74%、7.93%、5.43%（图 4-28A）。

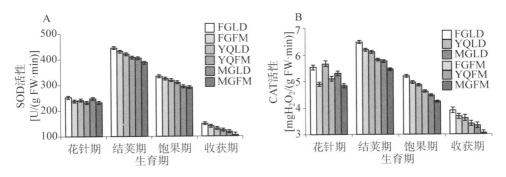

图 4-28　冬闲期耕作方式对连作花生叶片 SOD、CAT 活性的影响

2. 冬闲期耕作方式对连作花生叶片过氧化氢酶（CAT）活性的影响

冬闲期耕作方式对连作花生功能叶 CAT 活性有显著的影响。各处理功能叶 CAT 活性随生育进程推进先升高后降低，结荚期达到最大值。从结荚期到收获期，同一耕作方式覆膜处理叶片 CAT 活性高于露地处理。与 YQLD、FGLD、MGLD 处理相比，YQFM、FGFM、MGFM 处理功能叶 CAT 活性分别提高 5.14%、5.83%、6.44%。与 MGFM 处理相比，YQFM、FGFM 处理功能叶 CAT 活性分别平均提高 14.96%、7.64%；YQLD、FGLD 处理较 MGLD 处理分别平均提高 16.38%、8.25%。可见无论覆膜与否，冬闲压青和冬闲翻耕较冬闲免耕也可提高叶片 CAT 活性。与 MGLD 处理相比，YQFM、YQLD、FGFM、FGLD、MGFM 处理功能叶 CAT 活性分别提高 22.37%、16.38%、14.57%、8.25%、6.44%（图 4 - 28B）。

3. 冬闲期耕作方式对连作花生叶片过氧化物酶（POD）活性的影响

冬闲期耕作方式对连作花生功能叶 POD 活性的变化趋势与对 SOD 和 CAT 活性的影响趋势一致，各处理均随生育期的推进先升高后降低，结荚期达到最大值。花生花针期后，同一耕作方式覆膜处理功能叶 POD 活性均高于露地处理。与 YQLD、FGLD、MGLD 处理相比，YQFM、FGFM、MGFM 处理功能叶 POD 活性分别平均提高 5.94%、7.05%、5.98%。无论是否覆膜，冬闲压青和冬闲翻耕均可提高叶片 POD 活性。与 MGFM 和 MGLD 处理相比，YQFM、FGFM 和 YQLD、FGLD 处理功能叶 POD 活性分别平均提高 21.38%、11.19% 和 21.41%、10.08%。与 MGLD 处理相比，YQFM、YQLD、FGFM、FGLD、MGFM 处理功能叶 POD 活性分别提高 28.67%、21.41%、17.84%、10.08%、5.98%（图 4 - 29A）。

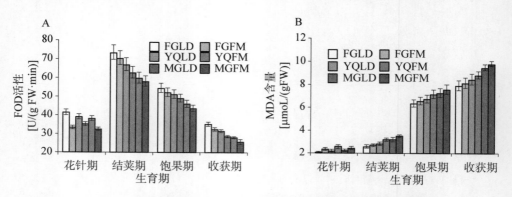

图 4 - 29　冬闲期耕作方式对连作花生叶片 POD 活性和 MDA 含量的影响

4. 冬闲期耕作方式对连作花生叶片丙二醛（MDA）含量的影响

冬闲期耕作方式对连作花生功能叶 MDA 含量有明显影响。各处理功能叶

MDA 含量随生育进程的推进呈现上升趋势。在整个生育期,同一耕作方式,覆膜处理叶片 MDA 含量均低于露地处理。与 YQLD、FGLD、MGLD 处理相比,YQFM、FGFM、MGFM 处理功能叶 MDA 含量分别降低 6.47%、6.32%、5.45%。无论是否覆膜,冬闲压青和冬闲翻耕也可降低叶片 MDA 含量。与 MGFM 处理相比,YQFM、FGFM 处理功能叶 MDA 含量分别降低 19.76%、9.93%;与 MGLD 处理相比,YQLD、FGLD 处理分别降低 18.89%、9.10%。YQFM、YQLD、FGFM、FGLD、MGFM 处理功能叶 MDA 含量较 MGLD 处理分别降低 24.08%、18.89%、14.82%、9.10%、5.45%(图 4-29B)。

5. 冬闲期耕作方式对连作花生产量及经济效益的影响

冬闲期耕作方式对连作花生产量及经济效益有显著影响。覆膜、冬闲压青与冬闲翻耕均可提高花生荚果产量与籽仁产量。与 YQLD、FGLD、MGLD 处理相比,YQFM、FGFM、MGFM 处理的荚果产量分别增加 5.11%、6.77%、3.70%,籽仁产量分别增加 9.19%、4.46%、7.35%,增产原因主要是增加花生单株结果数和出仁率。与 MGFM 处理相比,YQFM、FGFM 处理荚果和籽仁产量分别增加 14.83%、8.30%和 16.21%、5.22%;与 MGLD 处理相比,YQLD、FGLD 处理荚果和籽仁产量分别增加 13.30%、5.18%和 14.26%、8.14%,其产量提升原因主要是增加单株结果数和果重及降低千克果数。

同一耕作方式,覆膜处理经济效益高于露地处理。YQFM、FGFM 处理较 MGFM 处理的经济效益分别增加 19.60%、16.28%;YQLD、FGLD 处理较 MGLD 处理分别增加 15.96%、10.00%。可见,无论是否覆膜,冬闲压青和冬闲翻耕较冬前免耕均可提高花生经济效益。与 MGLD 处理相比,其他 5 种耕作方式以 YQFM 处理产量和经济效益最高(表 4-41)。

表 4-41 冬闲期栽培方式对连作花生产量及经济效益的影响

年份	处理	荚果产量 (kg/hm²)	籽仁产量 (kg/hm²)	单株结果数 (个)	千克果数 (个)	出仁率 (%)	经济效益 (元/hm²)
	FGLD	4 659.13c	3 585.47c	18.67c	549.34b	68.46c	12 495.65c
	FGFM	4 981.32b	3 775.31b	21.00b	544.78b	68.52c	13 506.60a
2016	YQLD	4 995.12b	3 795.39b	22.00b	526.14c	69.80b	13 050.60b
	YQFM	5 250.52a	4 058.12a	23.50a	521.17c	70.19a	13 727.60a
	MGLD	4 408.14d	3 350.79d	16.15e	567.39a	67.51e	11 240.70e
	MGFM	4 606.16c	3 556.44c	17.50d	562.67a	67.92d	11 630.80d

（续表）

年份	处理	荚果产量 （kg/hm²）	籽仁产量 （kg/hm²）	单株结果数 （个）	千克果数 （个）	出仁率 （%）	经济效益 （元/hm²）
2017	FGLD	4 778.38c	3 605.36c	20.47c	515.00b	71.12d	13 091.90c
	FGFM	5 095.29b	3 735.89b	22.26b	510.50b	71.73c	14 076.45b
	YQLD	5 171.36b	3 802.68b	23.78a	485.00c	73.18b	13 931.80b
	YQFM	5 435.14a	4 238.02a	24.40a	479.50c	74.26a	14 650.70a
	MGLD	4 565.87d	3 299.58d	16.18e	538.00a	70.11e	12 029.35d
	MGFM	4 698.17c	3 582.17c	17.73d	533.00a	70.36e	12 090.85d

注：同一年度同一列数据中不同小写字母表示差异显著（$P<0.05$）。

6. 光合参数、抗氧化系统参数与产量及其构成因素的相关分析

光合参数中的净光合速率、蒸腾速率、气孔导度及抗氧化系统参数中的 SOD 活性、CAT 活性、POD 活性与花生荚果产量、籽仁产量、单株结果数呈极显著正相关。除蒸腾速率、气孔导度及 CAT 活性与出仁率呈显著正相关外，上述其他指标与出仁率呈极显著正相关。同时，除净光合速率、SOD 活性与千克果数呈极显著负相关外，上述其他指标与千克果数呈显著负相关。此外，光合参数中的胞间 CO_2 浓度及抗氧化系统参数中的 MDA 含量与花生荚果产量、籽仁产量、单株结果数、出仁率呈极显著负相关，与千克果数呈极显著正相关（表 4-42）。

表 4-42　光合参数、抗氧化系统参数与产量及其构成因素的相关系

项目	荚果产量	籽仁产量	单株结果数	千克果数	出仁率
净光合速率	0.994**	0.974**	0.975**	−0.924**	0.927**
蒸腾速率	0.989**	0.975**	0.969**	−0.910*	0.913*
气孔导度	0.975**	0.950**	0.971**	−0.904*	0.894*
胞间 CO_2 浓度	−0.979**	−0.977**	−0.972**	0.922**	−0.921**
SOD 活性	0.991**	0.988**	0.964**	−0.930**	0.945**
CAT 活性	0.967**	0.967**	0.930**	−0.851	0.861*
POD 活性	0.990**	0.990**	0.960**	−0.913*	0.926**
MDA 含量	−0.994**	−0.975**	−0.988**	0.955**	−0.955**

注：* 表示差异显著（$P<0.05$）；** 表示差异极显著（$P<0.01$）。

三、小麦压青和生物菌肥对连作花生的影响

试验田为花生连作 7 年的地块，有机质含量为 13.62 g/kg、全氮含量为

0.742 g/kg、有效磷含量为 36.23 mg/kg、速效钾含量为 66.12 mg/kg。花生供试品种为 604L - 3,穴播,每穴两粒,行距 30 cm,穴距 20 cm,密度为 15 万穴/hm²,覆膜种植。试验共设置 4 个处理:春花生常规种植(CK);绿肥压青处理(GT)(花生收获后,种植冬小麦至拔节期压青);小麦压青结合生物有机肥处理(GTBF)(花生收获后,种植冬小麦至拔节期压青,后茬花生播种前施用生物有机肥);小麦压青结合抗重茬菌剂处理(GTAM)(花生收获后,种植冬小麦至拔节期压青,后茬花生播种前施用抗重茬菌剂)。试验小区面积 2 m×10 m=20 m²,每个处理重复 3 次(表4 - 43)。

表 4 - 43 试验处理设计

处 理	方 式
CK	春花生常规种植方式,连作花生田
GT	花生收获后,种植冬小麦至拔节期压青;其他处理方式与 CK 相同
GTBF	花生收获后,种植冬小麦至拔节期压青,后茬花生播种前施用生物有机肥;其他处理方式与 CK 相同
GTAM	花生收获后,种植冬小麦至拔节期压青,后茬花生播种前施用抗重茬菌剂;其他处理方式与 CK 相同

抗重茬菌剂施用量为 30 kg/hm²,生物有机肥施用量为 2 250 kg/hm²。小麦于 10 月 11 日播种,第二年 4 月 29 日压青还田,花生于 5 月 19 日播种,其他田间管理同一般花生高产田。所有处理在花生播种前基施复合肥(N - P₂O₅ - K₂O=15 - 15 - 10)600 kg/hm²。

(一) 小麦压青和生物菌肥对连作花生土壤物理性状的影响

1. 小麦压青和生物菌肥对土壤容重的影响

与 CK 相比,GT、GTAM、GTBF 明显降低了花生不同生育期和不同土层的土壤容重。不同处理间 20～30 cm 土层土壤容重差异不显著,0～10 cm 和 10～20 cm 的土层差异显著。不同生育期相比,以饱果期各处理土壤容重差异最为显著。饱果期,0～10 cm 土层各处理的土壤容重较 CK 分别降低了 13.51%、14.86% 和 16.22%;10～20 cm 土层分别降低了 11.26%、13.91% 和 15.23%。以上结果表明,压青和施用生物菌肥可以明显降低连作花生田 0～10 cm 和 10～20 cm 土层土壤容重,且以 GTBF 处理效果最为明显(表 4 - 44)。

表 4 - 44 小麦压青和生物菌肥对连作花生土壤容重的影响

单位：g/cm³

生育期	土层(cm)	处　理			
		CK	GT	GTAM	GTBF
花针期	0～10	1.46a	1.37b	1.35bc	1.32c
	10～20	1.55a	1.41b	1.40c	1.39c
	20～30	1.58a	1.49b	1.48b	1.46b
结荚期	0～10	1.44a	1.31b	1.29bc	1.26c
	10～20	1.51a	1.39b	1.38b	1.34c
	20～30	1.56a	1.48b	1.46bc	1.45c
饱果期	0～10	1.48a	1.28b	1.26b	1.24b
	10～20	1.51a	1.34b	1.30c	1.28d
	20～30	1.55a	1.44b	1.41bc	1.39c
收获期	0～10	1.45a	1.29b	1.29bc	1.26c
	10～20	1.50a	1.39b	1.38b	1.35c
	20～30	1.56a	1.45b	1.45bc	1.42c

注：同一行数据中不同小写字母表示差异显著（$P<0.05$）。

2. 小麦压青和生物菌肥对土壤孔隙度的影响

与 CK 相比，各处理均明显提高了花生不同生育期和不同土层的土壤孔隙度。不同处理间土壤孔隙度在 20～30 cm 土层无显著差异，在 0～10 cm 和 10～20 cm 土层差异较为显著。不同生育期相比，各土层土壤孔隙度在花针期差异较小，在饱果期差异最为显著。饱果期，0～10 cm 土层，GT、GTAM、GTBF 土壤孔隙度较 CK 分别提高了 17.87％、19.01％和 20.75％；10～20 cm 土层，分别提高了 15.05％、18.60％和 20.37％。以上结果表明，压青和施用生物菌肥可以明显增加连作花生田 0～10 cm 和 10～20 cm 土壤孔隙度，且以 GTBF 处理效果最为明显（表 4 - 45）。

表 4 - 45 小麦压青和生物菌肥对连作花生土壤孔隙度的影响

单位：%

生育期	土层(cm)	处　理			
		CK	GT	GTAM	GTBF
花针期	0～10	45.03c	48.42b	49.18ab	50.06a
	10～20	41.38c	46.67b	47.30a	47.55a
	20～30	40.25b	43.65a	44.28a	45.03a
结荚期	0～10	45.79c	50.58b	51.36ab	52.48a
	10～20	42.89c	47.52b	48.08ab	49.47a
	20～30	41.26c	44.28b	44.91ab	45.28a

(续表)

生育期	土层(cm)	处理			
		CK	GT	GTAM	GTBF
饱果期	0～10	44.02c	51.83b	52.33b	53.08a
	10～20	43.02d	49.43c	50.94b	51.70a
	20～30	41.51c	45.79b	46.79ab	47.67a
收获期	0～10	45.41c	51.07b	51.32ab	52.45a
	10～20	43.27c	47.67b	47.92b	49.06a
	20～30	41.13c	45.16b	45.28ab	46.29a

注:同一行数据中不同小写字母表示差异显著($P<0.05$)。

3. 小麦压青和生物菌肥对土壤团聚体的影响

与 CK 相比,各处理均明显提高了花生饱果期 0～10 cm、10～20 cm 土层的大团聚体比重,各处理间 20～30 cm 土层土壤团聚体质量比无显著差异。随着土壤土层的加深,土壤大团聚体(>0.25 mm)的比重降低,而土壤微团聚体(<0.25 mm)的比重升高。在 0～10 cm 土层,GT 处理>5 mm、2～5 mm 和 1～2 mm 粒径的土壤团聚体比重较 CK 分别增加了 24.01%、26.62%和 22.64;GTAM 处理分别增加了 39.80%、31.99%和 23.91%;GTBF 处理分别增加了 66.08%、36.27%和 28.15%。在 10～20 cm 土层,GT 处理>5 mm、2～5 mm 和 1～2 mm 粒径的土壤团聚体比重较 CK 分别增加了 38.55%、34.62%和 3.64%;GTAM 分别增加了 52.99%、38.49%和 5.82%;GTBF 分别增加了 73.21%、47.97%和 6.66%。以上结果表明,与 CK 相比,压青和施用生物菌肥处理均能明显增加连作花生土壤 0～20 cm 土层土壤大团聚体中>1 mm 的粒径组分,且在 10～20 cm 土层效果最显著。各处理相比,GTBF 处理效果最明显(图 4 - 30)。

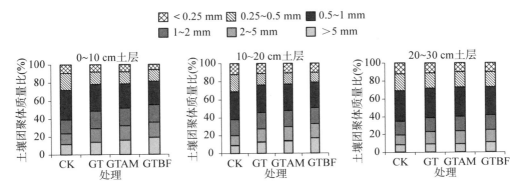

图 4 - 30 小麦压青和生物菌肥对花生饱果期土壤团聚体的影响

（二）小麦压青和生物菌肥对土壤酶活性的影响

1. 小麦压青和生物菌肥对土壤蔗糖酶活性的影响

不同处理方式对土壤蔗糖酶活性的影响存在较大差异。各处理连作花生土壤蔗糖酶活性都随着花生生育期的推进而呈现相同的变化规律，其活性在结荚期达到最大值，并且其活性随着土层的加深而降低。与 CK 相比，各处理均能显著提高连作花生 0～20 cm 土层土壤蔗糖酶活性。其中，GT 处理在花生花针期、结荚期、饱果期和收获期分别提高了 25.94％、26.51％、25.14％和 19.24％，GTAM 处理分别提高了 40.53％、42.46％、39.63％和 31.74％，GTBF 处理分别提高了 61.85％、62.38％、59.62％和 43.98％。各处理对 20～40 cm 土层土壤蔗糖酶活性的影响要小于对 0～20 cm 土层土壤蔗糖酶活性的影响。各处理相比，GTBF 处理在各个时期提高效果最明显。（图 4－31）。

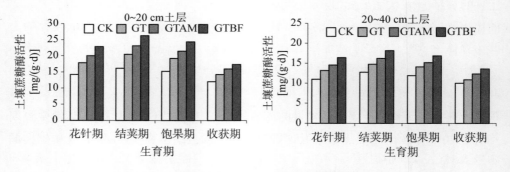

图 4－31　小麦压青和生物菌肥对土壤蔗糖酶活性的影响

2. 小麦压青和生物菌肥对土壤脲酶活性的影响

土壤脲酶活性在花生的整个生育期呈现先升高后降低的趋势，其活性在结荚期达到最大值，并随着土层的加深而降低，且各处理土壤脲酶的活性均高于 CK。0～20 cm 土层，GT 处理在花生花针期、结荚期、饱果期和收获期土壤脲酶活性较 CK 分别提高了 8.45％、12.55％、8.89％和 8.02％；GTAM 处理分别提高了 36.06％、43.36％、35.16％和 39.15％；GTBF 处理分别提高了 39.45％、47.83％、45.94％和 43.39％。同一时期，连作花生土壤脲酶活性：GTBF＞GTAM＞GT＞CK。不同处理间，20～40 cm 土层土壤脲酶活性差异较小。各处理相比，GTBF 处理在各个时期提高土壤脲酶活性的效果最为明显（图 4－32）。

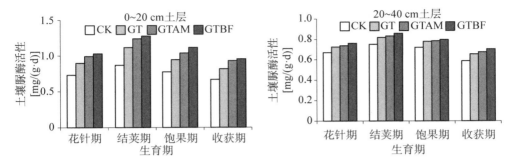

图 4-32　小麦压青和生物菌肥对土壤脲酶活性的影响

（三）小麦压青和生物菌肥对土壤养分含量的影响

1. 小麦压青和生物菌肥对土壤全氮含量的影响

各处理土壤全氮含量随着生育进程的推进呈降低趋势。与 CK 相比，各处理明显提高了不同生育期和不同土层的土壤全氮含量。0～20 cm 土层，GT 处理在花生花针期、结荚期、饱果期和收获期的土壤全氮含量分别提高了 27.62％、24.71％、27.33％和 19.25％，GTAM 处理分别提高了 40.02％、31.11％、33.76％和 23.21％，GTBF 处理分别提高了 50.47％、39.23％、37.65％和 26.96％。各处理对 20～40 cm 土层土壤全氮含量的影响，除收获期提高幅度较大外，其他生育期均弱于对 0～20 cm 土层土壤全氮含量的影响。以上结果表明，压青和施用生物菌肥均能提高土壤全氮含量，且以 GTBF 处理提高土壤全氮含量的效果最好（图 4-33）。

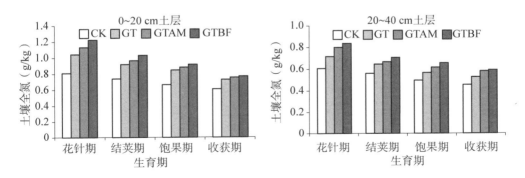

图 4-33　小麦压青和生物菌肥对土壤全氮含量的影响

2. 小麦压青和生物菌肥对土壤有效磷含量的影响

各处理土壤有效磷含量随着生育进程的推进呈降低趋势。与 CK 相比,各处理明显提高了连作花生不同生育期和不同土层的土壤有效磷含量。在花生花针期、结荚期、饱果期和收获期,0～20 cm 土层土壤,GT 处理的有效磷含量分别提高了 14.83%、16.59%、20.68% 和 17.76%,GTAM 处理分别提高了 27.74%、28.94%、34.77% 和 26.82%,GTBF 处理分别提高了 30.29%、36.57%、44.21% 和 32.94%。各处理对 20～40 cm 土层土壤有效磷含量的影响,较 CK 提高的绝对值均小于 0～20 cm 土层处理。由此可见,压青和生物菌肥均能提高连作花生田的土壤有效磷含量,且均以 GTBF 处理效果最优(图 4-34)。

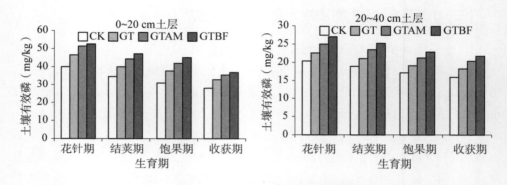

图 4-34　小麦压青和生物菌肥对土壤有效磷含量的影响

3. 小麦压青和生物菌肥对土壤总有机碳含量的影响

各处理土壤总有机碳含量随着花生生育进程的推进呈下降趋势。与 CK 相比,各处理明显提高了花生不同生育期和不同土层的总有机碳含量。0～20 cm 土层,GT 处理在连作花生花针期、结荚期、饱果期和收获期分别提高了 10.14%、10.93%、14.23% 和 13.67%,GTAM 处理分别提高了 18.32%、17.42%、18.98% 和 18.16%,GTBF 处理分别提高了 30.73%、26.12%、24.55% 和 22.65%。各处理对 20～40 cm 土层土壤总有机碳含量的影响,较 CK 提高的幅度均高于 0～20 cm 土层处理;GT 处理在花生花针期、结荚期、饱果期和收获期分别提高 16.42%、13.45%、15.97% 和 28.90%,GTAM 处理分别提高了 30.46%、29.10%、34.80% 和 45.17%,GTBF 处理分别提高了 46.86%、41.47%、47.05% 和 55.37%。各处理相比,GTBF 处理在各生育期提高土壤总有机碳含量的效果最明显(图 4-35)。

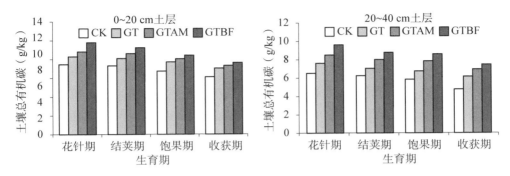

图 4 - 35　小麦压青和生物菌肥对土壤总有机碳含量的影响

(四) 小麦压青和生物菌肥对花生生理特性的影响

1. 小麦压青和生物菌肥对花生功能叶片叶绿素含量的影响

各处理连作花生功能叶片叶绿素含量均随着生育进程的推进呈先升高后降低的趋势,在结荚期达到最大值。与 CK 相比,各处理在花生不同生育期均能明显提高功能叶片叶绿素含量。同一生育期,各处理叶绿素含量:GTBF＞GTAM＞GT＞CK。各处理对比,GTBF 处理更有利于功能叶片叶绿素的累积(图 4 - 36)。

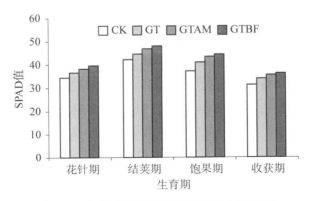

图 4 - 36　小麦压青和生物菌肥对叶绿素含量的影响

2. 小麦压青和生物菌肥对花生净光合速率和蒸腾速率的影响

在整个生育期,各处理花生功能叶片净光合速率均呈现先升高后降低的趋势,在结荚期达到最大值。与 CK 相比,各处理均能显著提高花生结荚期至饱果期叶片的净光合速率。各处理相比,GTBF 处理的叶片净光合速率显著高于其他处理,说明该处理在花生荚果生长发育中后期更有利于将花生叶片净光合速率维持在较高水平,为花生地下部生育生长提供较多的养分(图 4 - 37A)。

蒸腾速率是用来衡量植物叶片蒸腾作用大小的重要指标,能够在一定程度反映植物对环境内水分的利用效率和体内无机盐的运输效率。不同处理方式花生功能叶片蒸腾速率随花生生育进程的推进呈先升高后降低的趋势,在结荚期达到最大值。各处理,在花针期和收获期差异较小。与 CK 相比,各处理均能显著提高从结荚期至饱果期连作花生功能叶片的蒸腾速率。同一生育期,各处理花生蒸腾速率:GTBF>GTAM>GT>CK。各处理相比,GTBF 处理在花生结荚期至饱果期提升叶片蒸腾速率的效果最明显,说明该处理更有利于花生植株提高对水分的利用效率和体内无机盐的运输效率(图 4 - 37B)。

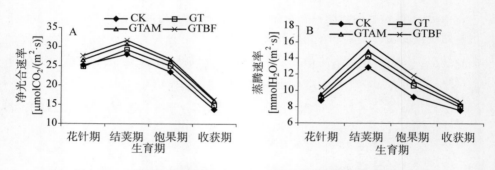

图 4 - 37　小麦压青和生物菌肥对花生净光合速率(A)和蒸腾速率(B)的影响

3. 小麦压青和生物菌肥对花生叶片气孔导度和胞间 CO_2 浓度的影响

植物通过气孔与外界进行水气和 CO_2 的交换,所以连作花生叶片的气孔导度能够在一定程度上影响和反映作物自身蒸腾作用和光合作用的强弱。不同处理花生功能叶片的气孔导度自花针期开始升高,直至饱果期达到最大值,花针期和收获期各处理间差异较小。与 CK 相比,各处理均能显著提高连作花生结荚期至饱果期叶片气孔导度。同一时期,各处理花生叶片气孔导度:GTBF>GTAM>GT>CK。各处理相比,GTBF 处理提高叶片气孔导度的效果最明显(图 4 - 38A)。

花生功能叶片胞间 CO_2 浓度随生育进程的推进呈现先降低后升高的趋势,在结荚期达到最小值,各处理在花针期差异不明显。与 CK 相比,结荚期至收获期各处理均明显降低了花生叶片胞间 CO_2 浓度。同一时期,各处理花生叶片胞间 CO_2

浓度:CK＞GT＞GTAM＞GTBF。各处理相比,GTBF 处理降低花生叶片胞间 CO_2 浓度效果最明显(图 4 - 38B)。

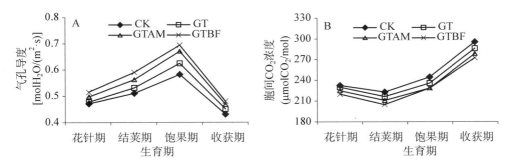

图 4 - 38　小麦压青和生物菌肥对花生叶片气孔导度(A)和胞间 CO_2 浓度(B)的影响

4. 小麦压青和生物菌肥对花生饱果期根瘤固氮酶活性的影响

根瘤固氮酶作为花生同化氮素的重要形式之一,主要为花生生育中后期提供氮素。与 CK 相比,各处理均明显提高了花生饱果期的根瘤固氮酶活性,表现为 GTBF＞GTAM＞GT＞CK,GTBF 提高幅度最大(图 4 - 39)。

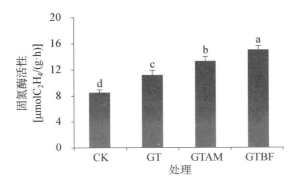

图 4 - 39　小麦压青和生物菌肥对饱果期花生根瘤固氮酶活性的影响

（五）小麦压青和生物菌肥对花生产量的影响

GTBF、GTAM、GT 单株结果数较 CK 分别增加了 19.35％、24.51％和 30.96％,出仁率分别增加了 4.73％、6.40％和 9.65％;GTAM 和 GTBF 还降低了千克果数,提高了果重。与 CK 相比,各处理均能够显著提高花生荚果产量和籽仁产量,表现为 GTBF＞GTAM＞GT＞CK,GTBF 处理增产作用最明显(表 4 - 46)。

表 4-46 小麦压青和生物菌肥对花生产量的影响

处理	荚果产量 （kg/hm²）	较对照提高 （%）	单株结果数 （个）	千克果数 （个）	籽仁产量 （kg/hm²）	出仁率 （%）
CK	4 853.33d		19.38c	716.67a	2 882.75c	59.40b
GT	5 145.19c	6.01	23.13b	700.67ab	3 276.94b	62.21c
GTAM	5 271.36b	8.34	24.13ab	688.00b	3 331.73b	63.20b
GTBF	5 374.82a	10.06	25.38a	682.00b	3 500.36a	65.13a

注：同一列数据中不同小写字母表示差异显著（$P<0.05$）。

四、绿肥压青和土壤改良剂对连作花生的影响

试验田为连作花生 7 年、压青处理 5 年的地块。试验用地为砂壤土，试验前耕层土壤的基础养分含量：有机质含量为 14.25 g/kg、全氮含量为 1.15 g/kg、有效磷含量为 33.96 mg/kg、速效钾含量为 101.96 mg/kg。花生供试品种为 604L-3，穴播，每穴两粒，行距 30 cm，穴距 20 cm，密度为 15 万穴/hm²，覆膜种植。选用小麦品种山农 20 为压青材料，机械播种。2020 年 10 月 10 日播种小麦，次年 4 月 27 日进行压青还田，绿肥还田量为 15 514.5 kg/hm²。土壤改良剂施用量为 37.5 kg/hm²，施撒方式为沟施。试验品种全部于 5 月 10 日播种，其他田间管理同一般花生高产田。试验小区面积 40 m²，每个处理重复 3 次。试验为裂区设计，主区为土壤耕作处理：冬前无耕作，播前旋耕（RT）；冬前翻耕，播前旋耕（PT）；冬前翻耕后种植冬小麦，至抽穗期翻压还田，播前旋耕（GM）。副区为土壤改良剂施用量处理，设置 0 和 37.5 kg/hm²（SA）两个水平（表 4-47）。所有处理花生播种前基施复合肥（N-P₂O₅-K₂O=15-15-15）750 kg/hm²。

表 4-47 试验处理设计

处理	方　式
RT	前茬花生收获后无耕作，冬季休闲，后茬花生播种前旋耕
PT	前茬花生收获后翻耕土地，冬季休闲，后茬花生播种前旋耕
GM	前茬花生收获后翻耕并种植冬小麦，至抽穗期翻压还田，后茬花生播前旋耕
RTSA	前茬花生收获后无耕作，冬季休闲，后茬花生播种前旋耕，播时施用土壤改良剂
PTSA	前茬花生收获后翻耕土地，冬季休闲，后茬花生播种前旋耕，播时施用土壤改良剂
GMSA	前茬花生收获后翻耕并种植冬小麦，至抽穗期翻压还田，后茬花生播前旋耕，播时施用土壤改良剂

(一) 小麦压青和土壤改良剂对连作花生土壤物理性状的影响

1. 小麦压青和土壤改良剂对土壤容重的影响

小麦压青和施用土壤改良剂影响连作花生土壤 $0 \sim 10$ cm、$10 \sim 20$ cm、$20 \sim$ 30 cm 土层容重的大小。各处理土壤容重的大小均随土层深度增加而增加。这是因为上层土壤耕作较多,土壤疏松;下层土壤耕作较少,土壤紧实。各生育期相比,压青在苗期和花针期效果显著,而土壤改良剂的施用在中后期对各土层土壤容重的影响更显著,其中在花针期的效果最为显著。以上结果表明,小麦压青和施用土壤改良剂均能显著降低各土层土壤容重,小麦压青配施土壤改良剂(GMSA)处理效果最为理想(表 4 - 48)。

表 4 - 48   小麦压青和土壤改良剂对连作花生土壤容重的影响

生育期	土层(cm)	土壤容重(g/cm^3)					
		RT	PT	GM	RTSA	PTSA	GMSA
苗期	0～20	1.50a	1.43b	1.41b	1.40b	1.41b	1.38b
	10～20	1.55a	1.53a	1.45b	1.53a	1.38c	1.35c
	20～30	1.59a	1.53ab	1.51ab	1.58a	1.50ab	1.46b
花针期	0～20	1.50a	1.44b	1.36c	1.44b	1.39c	1.31d
	10～20	1.55a	1.45bc	1.42cd	1.49b	1.40de	1.36e
	20～30	1.65a	1.50c	1.44d	1.55b	1.44d	1.41d
结荚期	0～20	1.53a	1.49ab	1.47b	1.49b	1.46b	1.40c
	10～20	1.55a	1.51ab	1.48bc	1.51ab	1.49bc	1.44c
	20～30	1.59a	1.56ab	1.49cd	1.53bc	1.51bc	1.46d
饱果期	0～20	1.50a	1.45ab	1.45ab	1.45b	1.38c	1.36c
	10～20	1.56a	1.51ab	1.48abc	1.47abc	1.42bc	1.39c
	20～30	1.59a	1.56ab	1.52bc	1.51c	1.48cd	1.45d

注:同一行数据中不同小写字母表示差异显著($P < 0.05$)。

2. 小麦压青和土壤改良剂对土壤孔隙度的影响

采用小麦压青和施用土壤改良剂明显提高了连作花生各生育期的不同耕作土层土壤的孔隙度。在苗期和花针期,压青的效果显著;在结荚期和饱果期,土壤改良剂的施用对各土层土壤孔隙度的影响显著。各生育期相比,以花针期的效果最为显著。以上结果表明,不同生育期各处理土壤孔隙度均随土层深度增加而减小,其中以小麦压青配施土壤改良剂(GMSA)处理效果最好(表 4 - 49)。

表 4 - 49　小麦压青和土壤改良剂对连作花生土壤孔隙度的影响

生育期	土层(cm)	土壤孔隙度(%)					
		RT	PT	GM	RTSA	PTSA	GMSA
苗期	0～20	43.25b	46.58ab	46.99ab	45.73ab	46.79ab	48.96a
	10～20	41.41b	42.35ab	45.99a	42.00ab	44.46ab	46.25a
	20～30	39.84b	40.48b	43.35ab	40.03b	42.05ab	44.81a
花针期	0～20	43.36c	45.96bc	48.58ab	45.50bc	47.09ab	50.18a
	10～20	41.23d	44.59bc	47.58ab	43.25cd	46.67ab	48.69a
	20～30	37.41c	43.28ab	45.49a	41.79b	45.33a	46.02a
结荚期	0～20	43.17c	43.26c	45.15abc	43.54bc	45.95ab	47.23a
	10～20	41.99b	42.43b	44.09ab	43.51ab	44.32ab	46.31a
	20～30	39.38c	42.99b	42.50b	42.68b	43.64ab	45.36a
饱果期	0～20	43.14c	44.64bc	46.04ab	44.81bc	45.62ab	47.74a
	10～20	42.62b	43.55ab	44.50ab	43.02ab	44.15ab	45.80a
	20～30	39.80c	41.65bc	43.18ab	40.77c	43.72ab	44.36a

注:同一行数据中不同小写字母表示差异显著($P<0.05$)。

3. 小麦压青和土壤改良剂对土壤团聚体的影响

采用小麦压青和施用土壤改良剂明显提高了连作花生饱果期各土层土壤大团聚体的含量。各处理相比,小麦压青配施土壤改良剂(GMSA)的处理效果最为明显。0～10 cm 土层中,GMSA 处理>5 mm 和 2～5 mm 粒级的土壤团聚体比重较 RT 处理分别增加了 70.45% 和 77.27%;10～20 cm 土层中,分别增加了 70.10% 和 78.02%;20～30 cm 土层中,分别增加了 66.84% 和 34.12%(图 4 - 40)。

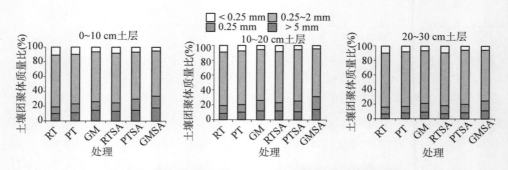

图 4 - 40　小麦压青和土壤改良剂对花生饱果期土壤团聚体的影响

（二）小麦压青和土壤改良剂对连作花生土壤养分的影响

1. 小麦压青和土壤改良剂对土壤全氮含量的影响

各处理土壤全氮含量随着花生生育进程的推进呈下降趋势，且根际土与非根际土全氮含量的变化趋势大致相同。小麦压青和施用土壤改良剂明显提高了花生根际土和非根际土不同生育期的土壤全氮含量，且根际土全氮含量高于非根际土全氮含量。处理间比较，小麦压青配施土壤改良剂（GMSA）处理效果要优于其他处理（图4-41）。

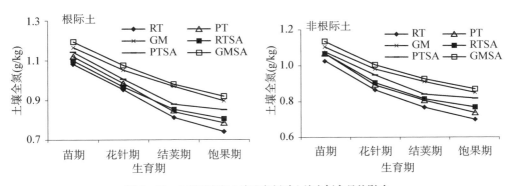

图4-41　小麦压青和土壤改良剂对土壤全氮含量的影响

2. 小麦压青和土壤改良剂对土壤有效磷含量的影响

不同处理土壤有效磷含量随着花生生育进程的推进呈下降趋势，且根际土与非根际土有效磷含量的变化趋势大致相同。小麦压青和施用土壤改良剂明显提高了花生根际土和非根际土各生育期的土壤有效磷含量，但不同生育期根际土与非根际土有效磷含量差异无规律性。处理间比较，小麦压青配施土壤改良剂（GMSA）处理效果最优（图4-42）。

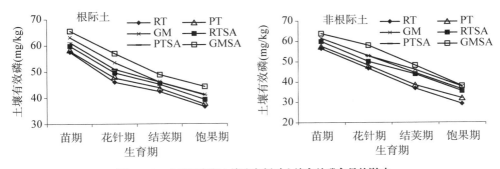

图4-42　小麦压青和土壤改良剂对土壤有效磷含量的影响

3. 小麦压青和土壤改良剂对土壤有机碳含量的影响

各处理土壤有机碳含量随着花生生育进程的推进呈下降趋势,且非根际土有机碳含量的变化趋势与根际土大致相同。小麦压青和施用土壤改良剂提高了花生根际土和非根际土各生育期的土壤有机碳含量,且根际土有机碳含量高于非根际土有机碳含量。处理间比较,小麦压青配施土壤改良剂(GMSA)处理效果最好,小麦压青(GM)处理次之(图4-43)。

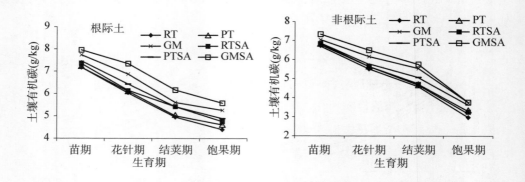

图4-43 小麦压青和土壤改良剂对土壤有机碳含量的影响

(三)小麦压青和土壤改良剂对连作花生土壤酶活性及微生物功能多样性的影响

1. 小麦压青和土壤改良剂对土壤蔗糖酶活性的影响

随生育进程的推进,不同处理花生土壤蔗糖酶活性呈先升高后下降的变化趋势,在结荚期达到峰值。小麦压青和施用土壤改良剂显著提高了花生不同生育期根际土和非根际土的土壤蔗糖酶活性。不同处理间根际土蔗糖酶活性比较,以中后期处理效果较为明显,特别是在饱果期,GM、RTSA、PTSA 和 GMSA 处理较 RT 处理分别提高了 26.8%、17.1%、28.0%和40.0%。非根际土蔗糖酶活性的变化趋势与根际土在花针期存在一定差异;在结荚期,GM、RTSA、PTSA 和 GMSA 处理较 RT 处理分别提高了 6.5%、17.1%、26.3%和42.8%。处理间比较,小麦压青配施土壤改良剂(GMSA)处理要优于其他处理(图4-44)。

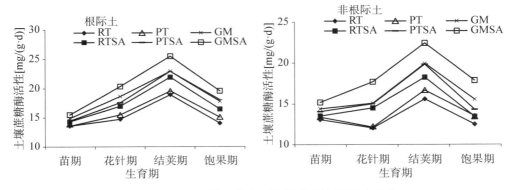

图 4 - 44　小麦压青和土壤改良剂对土壤蔗糖酶活性的影响

2. 小麦压青和土壤改良剂对土壤脲酶活性的影响

各处理土壤脲酶活性随着花生生育进程的推进呈下降趋势。小麦压青和施用土壤改良剂明显提高了花生根际土和非根际土不同生育期的土壤脲酶活性。处理间比较,小麦压青配施土壤改良剂(GMSA)处理要优于其他处理(图 4 - 45)。

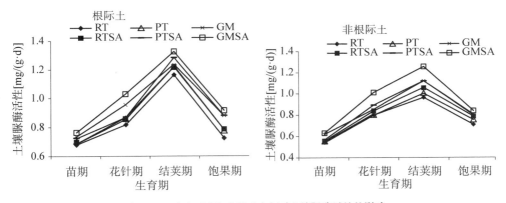

图 4 - 45　小麦压青和土壤改良剂对土壤脲酶活性的影响

3. 小麦压青和土壤改良剂对根际土微生物功能多样性的影响

选取连作花生结荚期的根际土壤培养 96h 时的平均颜色变化率(AWCD)值,计算土壤微生物的 Shannon-Wiener 指数 H′ 和丰富度指数 R,以反映土壤微生物碳源代谢功能多样性差异。与 RT 处理相比,GMSA 处理对 AWCD 和丰富度指数 R 影响显著,其他处理有差异但不显著;除 PT 外,各处理对 H′ 无显著影响(表 4 - 50)。以上结果表明,小麦压青和土壤改良剂处理增加了根际土壤微生物数量,但对微生物群落组成无显著影响。

表 4 - 50　结荚期不同处理微生物群落功能多样性指数

处理	AWCD	R	H′
RT	0.64b	22.5bc	2.85a
PT	0.64b	22.7bc	2.51b
GM	0.65b	22.1c	2.86a
RTSA	0.66ab	22.6bc	2.83a
PTSA	0.67ab	24.1ab	2.62ab
GMSA	0.71a	25.9a	2.66ab

注:同一列数据中不同小写字母表示差异显著($P<0.05$)。

(四) 小麦压青和土壤改良剂对连作花生根系活力的影响

　　小麦压青和施用土壤改良剂提高了连作花生不同生育期的根系活力。随着花生生育进程的推进,不同处理花生根系活力呈下降趋势,其中花针期的根系活力最高。各处理间花生根系活力比较,GM、RTSA、PTSA、GMSA 处理与 RT 处理均差异显著,其中以花针期的处理效果最为明显,较 RT 处理分别提高了 30.62%、26.17%、35.45%和42.34%。以上结果表明,小麦压青配施土壤改良剂(GMSA)处理要优于其他处理,有利于提高花生各生育期的根系活力(图 4 - 46)。

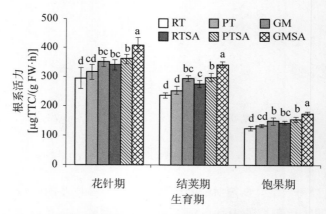

图 4 - 46　小麦压青和土壤改良剂对花生根系活力的影响
注:柱上不同小写字母表示差异显著($P<0.05$)。

(五) 小麦压青和土壤改良剂对花生叶片净光合速率的影响

　　各处理花生植株的净光合速率在整个生育期内整体上呈现先升高后降低的变

化趋势,结荚期出现最大值。与免耕相比,小麦压青和施用土壤改良剂均能提高花生叶片净光合速率。处理间比较,小麦压青配施土壤改良剂(GMSA)处理要优于其他处理,有利于光合速率提高(图 4 - 47)。

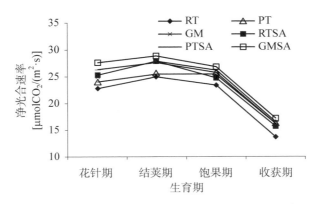

图 4 - 47　小麦压青和土壤改良剂对花生净光合速率的影响

(六)小麦压青和土壤改良剂对花生干物质积累及籽仁品质的影响

1. 小麦压青和土壤改良剂对花生地上部干物质积累的影响

小麦压青和施用土壤改良剂均能提高花生地上部干物质重。与 RT 处理相比,GM、RTSA、PTSA 和 GMSA 处理在饱果期地上部干物质重分别增加了 28.94%、28.94%、25.35% 和 37.80%,其中小麦压青配施土壤改良剂(GMSA)处理与其他处理差异显著,更有利于花生地上部干物质重累积,达到 59.75 g/株(表 4 - 51)。

表 4 - 51　小麦压青和土壤改良剂对花生单株地上部干物质量的影响

单位:g

生育期	RT	PT	GM	RTSA	PTSA	GMSA
苗期	2.29d	2.35d	2.57c	2.67b	2.63bc	2.85a
花针期	11.88d	12.39d	14.49bc	13.82c	15.04b	16.53a
结荚期	31.79e	32.79d	32.96d	35.32c	37.95b	42.89a
饱果期	43.36e	49.99d	55.91b	53.97c	54.35c	59.75a

注:同一列数据中不同小写字母表示差异显著($P<0.05$)。

2. 小麦压青和土壤改良剂对花生根系干物质积累的影响

小麦压青和施用土壤改良剂均能提高花生根系干物质重。在饱果期 GMSA 处理与其他处理均差异显著,对提高花生根系干物质重效果最为显著,达到 2.12 g/株(表 4 - 52)。

表 4-52　小麦压青和土壤改良剂对花生根系干物质量的影响

单位:g

生育期	RT	PT	GM	RTSA	PTSA	GMSA
苗期	0.20c	0.20c	0.21c	0.24b	0.25a	0.26a
花针期	0.48e	0.52d	0.57c	0.56cd	0.63b	0.67a
结荚期	1.37d	1.44cd	1.52b	1.54bc	1.56a	1.72a
饱果期	1.50e	1.53e	1.70d	1.83c	1.95b	2.12a

注:同一列数据中不同小写字母表示差异显著($P<0.05$)。

3. 小麦压青和土壤改良剂对花生产量的影响

与 RT 处理相比,小麦压青和施用土壤改良剂均能提高花生荚果产量和籽仁产量,产量大小排序均为 GMSA>GM>PTSA>PT>RTSA>RT,其中小麦压青配施土壤改良剂的处理效果最好,但与 GM、PTSA、PT 差异不显著。单株结果数和千克果数,GM、RTSA 与 RT 无显著差异,PTSA 与 GMSA 差异不显著。GM、RTSA 和 GMSA 处理的出仁率无显著差异,但与 RT 均达到显著(表 4-53)。

表 4-53　小麦压青和土壤改良剂对花生产量的影响

处理	荚果产量 (kg/hm²)	单株结果数 (个)	千克果数 (个)	籽仁产量 (kg/hm²)	出仁率 (%)
RT	3 695.85c	29.30c	678.00a	2 218.00c	60.04bc
PT	4 450.00abc	31.05bc	613.68bc	2 705.48abc	60.75ab
GM	4 766.65a	33.50abc	677.65a	2 921.98a	61.30a
RTSA	3 800.00bc	30.26bc	658.65ab	2 327.73bc	61.28a
PTSA	4 629.18ab	34.43ab	613.33bc	2 771.85ab	59.89c
GMSA	5 058.33a	37.95a	606.00c	3 100.85a	61.30a

注:同一列数据中不同小写字母表示差异显著($P<0.05$)。

4. 小麦压青和土壤改良剂对花生品质的影响

小麦压青和施用土壤改良剂均在不同程度上影响花生的蛋白质含量、粗脂肪含量和油酸/亚油酸(O/L)。与 RT 处理相比,GM、RTSA、PTSA 和 GMSA 处理花生籽仁中的蛋白质含量有所增加,但 GM、RTSA 与 RT 无显著差异,GMSA 与其他处理差异显著。籽仁中的粗脂肪含量,GMSA 与 RT 差异显著,GMSA 与 PT、GM、RTSA、PTSA 均差异不显著。油酸/亚油酸 PTSA、GMSA 与 RT 差异显著,其他处理与 RT 差异不显著。各处理相比,小麦压青配施土壤改良剂(GMSA)处理更有利于籽仁中蛋白质的积累,对提高粗脂肪含量及油酸/亚油酸有一定作用(表 4-54)。

表 4 - 54　小麦压青和土壤改良剂对花生品质的影响

处理	蛋白质(%)	粗脂肪(%)	油酸/亚油酸
RT	25.08c	50.44b	0.98c
PT	25.94bc	50.85ab	0.98c
GM	26.03bc	51.06ab	0.99c
RTSA	26.07bc	52.41ab	0.99bc
PTSA	26.14b	52.44ab	1.01ab
GMSA	27.27a	53.00a	1.02a

注:同一列数据中不同小写字母表示差异显著($P<0.05$)。

五、不同茬口对连作花生的影响

(一) 不同茬口覆膜与不覆膜对花生生长发育及土壤化学性质的影响

试验于 1984—1986 年在山东省花生研究所莱西试验农场进行了定位试验。前茬为多年植桑地,土质为黏性潮黑土,肥力中等。共设花生 3 年连作(重茬)、花生与甘薯 1 年隔茬轮作(隔茬)和甘薯-花生 3 年轮作(生茬)3 个副处理,分别设 3 年连续覆膜与不覆膜两个主处理(表 4 - 55)。

表 4 - 55　试验处理组合

主处理		副处理			
代号	处理	代号	1984 年	1985 年	1986 年
A1	覆膜 (连续 3 年)	D1	花生	花生	花生
		D2	花生	甘薯	花生
		D3	甘薯	甘薯	花生
A2	不覆膜	D1	花生	花生	花生
		D2	花生	甘薯	花生
		D3	甘薯	甘薯	花生

花生品种为花 37,甘薯品种为 696。小区长 6 m、宽 3.73 m。每小区均种植 4 畦,每畦 2 行花生或甘薯,行距 40 cm。花生穴距 17 cm,每穴 2 株。甘薯株距 26.4 cm。

1. 不同茬口覆膜与不覆膜对花生植株经济性状的影响

花生植株主要经济性状表现为主茎高和侧枝长覆膜小于不覆膜；茬口间相比，重茬小于隔茬，隔茬小于生茬。单株结果数，覆膜重茬与隔茬和生茬基本一致，不覆膜重茬少于隔茬和生茬。单株饱满果指数和出仁率表现，覆膜各茬口间，重茬大于生茬，生茬大于不覆膜各茬口（表4-56）。

表4-56 不同茬口覆膜与不覆膜对花生植株经济性状的影响（1986年）

| 处 理 | | 主茎高（cm） | 侧枝长（cm） | 分枝数（条） | 单株现有叶片（片） | 果针幼果数（个） | 单株结实状况 | | | 千克果数（个） | 出仁率（%） |
							个/株	双仁果指数（%）	饱满果指数（%）		
覆膜	重茬	34.4	38.8	7.4	10.2	15.3	9.3	52.7	66.7	512	73.4
	隔茬	37.2	40.6	6.1	11.0	20.3	9.5	67.4	62.1	526	73.3
	生茬	39.5	40.1	6.5	11.7	16.0	9.3	46.2	62.4	538	74.4
不覆膜	重茬	38.2	45.9	7.0	15.4	24.9	10.5	52.4	54.3	672	72.1
	隔茬	43.6	49.6	7.4	17.4	26.8	11.0	49.1	52.4	584	72.4
	生茬	45.8	48.8	7.3	16.6	27.8	11.5	49.5	56.2	638	72.4

2. 不同茬口覆膜与不覆膜对花生干物质积累的影响

不论是否覆膜，不同茬口的理论荚果产量，重茬均比隔茬和生茬有不同程度减产，其产量位次均为生茬大于隔茬、隔茬大于重茬。覆膜重茬和隔茬减产明显小于不覆膜重茬和隔茬。覆膜与不覆膜各茬口花生的总生物产量差异不大，但由于覆膜比不覆膜营养体光合产物向生殖体转换速率高，其生育期提前，因此，覆膜各茬口的花生营养体干物质均小于不覆膜，生殖体干物质则大于不覆膜，所以，其营养体/生殖体小于不覆膜，经济系数大于不覆膜，这也是覆膜花生比不覆膜增产的重要原因（表4-57）。

表4-57 不同茬口覆膜与不覆膜对花生生物产量的影响（1986年）

处理		营养体（kg/667 m²）	生殖体（kg/667 m²）	总生物体（kg/667 m²）	荚果产量（kg/667 m²）	营养体/生殖体	经济系数
覆膜	重茬	146.2	314.5	460.7	306.0	0.46	0.66
	隔茬	154.7	319.6	474.3	314.5	0.48	0.66
	生茬	175.1	323.0	498.1	319.6	0.54	0.64
不覆膜	重茬	170.0	280.5	450.5	238.0	0.61	0.52
	隔茬	195.5	292.4	487.9	272.0	0.67	0.56
	生茬	197.2	304.3	501.5	289.0	0.65	0.58

3. 不同茬口覆膜与不覆膜对花生荚果产量的影响

不论是否覆膜,重茬比隔茬和生茬荚果产量均有减产趋势,且均为生茬大于隔茬、隔茬大于重茬。由于覆膜重茬花生减产不大、不覆膜重茬减产明显,因此,覆膜增产效应相对依次增大,即重茬大于隔茬、隔茬大于生茬(表 4 - 58)。

表 4 - 58　不同茬口覆膜与不覆膜花生荚果产量比较(1986 年)

处　理		小区荚果产量 (kg/10.67 m²)				折合产量 (kg/667 m²)	荚果增减产					
							比生茬		比重茬		比不覆膜	
		I	II	III	平均		kg/667 m²	%	kg/667 m²	%	kg/667 m²	%
覆膜	重茬	4.20	4.60	4.10	4.30	268.8	-7.5	-2.7			88.1	48.8
	隔茬	4.20	4.70	4.10	4.33	270.6	-5.6	-2.0	6.9	0.7	55.0	25.5
	生茬	4.05	4.90	4.30	4.42	276.3			7.5	2.5	45.6	19.8
不覆膜	重茬	3.60	2.53	2.53	2.89	180.6	-50.0	-21.7				
	隔茬	3.65	3.08	3.63	3.45	215.6	-15.0	-6.5	35.0	19.4		
	生茬	3.73	3.60	3.75	3.69	230.6			50.0	27.7		

4. 不同茬口覆膜与不覆膜对土壤化学性质的影响

通过不同茬口覆膜与不覆膜定位试验,年度间土壤养分分析结果显示,1984 年定位试验,当茬花生和甘薯收获后,土壤 pH 没有显著变化,而有机质、全氮、全磷和有效磷、速效钾等养分含量比试验定位前的桑茬地有减少趋势,覆膜比不覆膜减少明显。但到 1986 年 3 个茬口的第三茬作物收获后,土壤养分并不比 1984 年第一茬作物收获后有明显减少,相反部分指标还有增多的趋势,茬口之间多无规律性的变化,唯独有效磷含量覆膜重茬比隔茬和生茬增多,而不覆膜重茬比隔茬和生茬减少(表 4 - 59),说明覆膜重茬花生 3 年不会明显引起土壤肥力衰竭。

表 4 - 59　不同茬口覆膜与不覆膜土壤化学性质变化

年度	采样时期	茬口	处理	pH	有机质 (g/kg)	全氮 (g/kg)	全磷 (g/kg)	有效磷 (mg/kg)	速效钾 (mg/kg)	碱解氮 (mg/kg)	活性钙 (mg/kg)
	播种前	桑茬	露栽	7.6	7.11	0.704	0.61	24.0		103	2 920
1984 收获后		花生茬	覆膜	7.6	6.31	0.524	0.56	19.0		100	3 000
			露栽	7.65	6.42	0.562	0.55	9.0		94	2 960
		甘薯茬	覆膜	7.7	6.05	0.501	0.59	22.0		94	2 760
			露栽	7.7	7.82	0.554	0.66	6.2		108	3 000

年度	采样时期	茬口	处理	pH	有机质(g/kg)	全氮(g/kg)	全磷(g/kg)	有效磷(mg/kg)	速效钾(mg/kg)	碱解氮(mg/kg)	活性钙(mg/kg)
1985	收获后	重茬	露栽	7.5	7.45	0.581	0.51	13.0	75		
		隔茬	露栽	7.8	7.86	0.567	0.59	9.5	78		
		生茬	露栽	7.9	7.86	0.609	0.56	6.8	70		
1986	收获后	重茬	覆膜	7.8	8.27	0.634	0.53	24.6	90		
			露栽	7.8	8.89	0.682	0.53	14.0	100		
		隔茬	覆膜	7.9	8.27	0.634	0.51	17.0	90		
			露栽	7.8	8.27	0.628	0.50	19.8	95		
		生茬	覆膜	7.7	8.69	0.664	0.57	22.0	113		
			露栽	7.7	8.49	0.658	0.52	22.0	108		

（二）轮作甘薯对连作花生的影响

选择连作 4 年花生的试验地，均为春播，设置花生连作、甘薯与花生轮作（2018 年种植甘薯，2019 年种植花生）2 种处理。供试花生品种为海花 1 号、甘薯品种为济薯 25。

花生起垄种植，垄距 80 cm，一垄双行，种植密度为 15 万穴/hm²，一穴 2 粒；甘薯垄宽 80 cm，垄高 20 cm，株距 21 cm。

1. 轮作甘薯对连作花生植株性状的影响

与花生连作相比，轮作甘薯处理显著提高了不同生育期的花生主茎高和侧枝长，花针期、结荚期、饱果期和收获期主茎高分别增加 15.1%、10.9%、13.6% 和 10.8%，侧枝长分别增加 15.2%、10.3%、13.6% 和 10.8%，表明轮作甘薯可缓解花生连作对花生营养生长的抑制作用，其中花针期表现最为明显（图 4-48）。

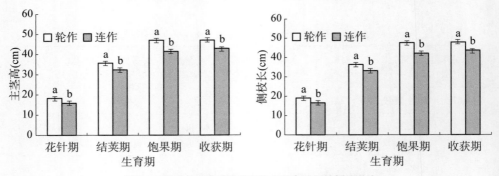

图 4-48 轮作甘薯对连作花生主茎高及侧枝长的影响

注：柱上不同小写字母表示差异显著（P<0.05）。

2. 轮作甘薯对连作花生叶面积指数(LAI)、叶绿素 SPAD 值、净光合速率(Pn) 及硝酸还原酶(NR)的影响

轮作甘薯处理较花生连作明显增加了花生不同生育期 LAI。花针期和饱果期增幅相对较小,分别增加 14.5% 和 20.4%;结荚期和收获期增幅较大,分别为 32.1% 和 37.3%。较高的 LAI 为其增加光合面积和增加物质积累奠定了基础(图 4-49A)。

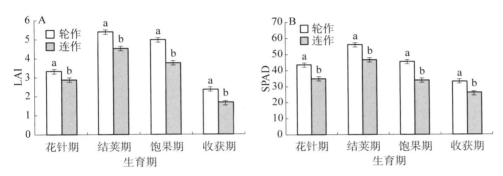

图 4-49 轮作甘薯对连作花生 LAI 和叶绿素 SPAD 值的影响

注:柱上不同小写字母表示差异显著($P<0.05$)。

与花生连作相比,轮作甘薯处理显著提高了花生叶绿素 SPAD 值,花针期、结荚期、饱果期和收获期分别比连作增加 23.5%、20.6%、34.2% 和 24.7%,其中饱果期最为明显,表明其吸收光照的能力显著提高(图 4-49B)。

轮作甘薯处理与花生连作处理相比,明显提高了各生育期花生叶片 Pn,花针期、结荚期、饱果期和收获期分别增加 8.5%、10.9%、11.7% 和 19.0%(图 4-50A)。

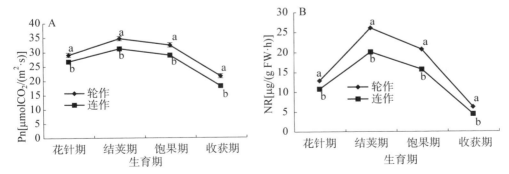

图 4-50 轮作甘薯对连作花生 Pn 和 NR 的影响

注:图中不同小写字母表示差异显著($P<0.05$)。

轮作甘薯处理整个生育期花生叶片 NR 显著高于花生连作处理,结荚期、收获期分别较连作花生增加 29.8%、42.1%,说明轮作甘薯可促进花生氮素代谢,提高作物氮素营养水平(图 4-50B)。

3. 轮作甘薯对连作花生根系活力和干物质积累的影响

轮作甘薯处理与花生连作处理相比,显著增加了各生育期根系活力,轮作甘薯处理花针期、结荚期、饱果期和收获期的花生根系活力分别比连作处理增加 18.8%、27.1%、23.5% 和 17.6%(图 4-51A)。

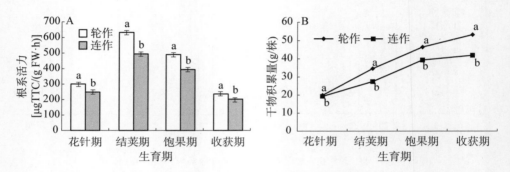

图 4-51　轮作甘薯对连作花生根系活力和干物质积累的影响

注:图中不同小写字母表示差异显著($P<0.05$)。

与花生连作处理相比,轮作甘薯处理花针期干物质积累量无显著差异,但明显增加了结荚期、饱果期和收获期的积累量,分别增加了 25.2%、17.9% 和 27.9%(图 4-51B)。

与花生连作处理相比,轮作甘薯处理的花生荚果产量增加 14.4%,达到 5 369.75 kg/hm²。从产量构成因素方面分析,轮作甘薯增产花生的主要原因是增加花生单株结果数、提高饱果率及出仁率,其中单株果数增加 2.41 个、饱果率增加 11.5%、出仁率提高 8.2%,经济系数提高 10.9%(表 4-60)。

表 4-60　轮作甘薯对连作花生产量及产量构成因素的影响

处理	荚果产量 (kg/hm²)	单株结果数 (个)	千克果数 (个)	饱果率 (%)	出仁率 (%)	经济系数
轮作甘薯	5 369.75a	13.68a	632.69b	53.94a	74.35a	0.51a
连作花生	4 695.23b	11.27b	668.36a	48.39b	68.71b	0.46b

注:同一列数据中不同小写字母表示差异显著($P<0.05$)。

轮作甘薯处理的花生籽仁蛋白质和粗脂肪含量较连作花生分别增加 7.8%、7.5%,油酸/亚油酸提高 9.4%,可溶性糖含量降低 9.5%(表 4 - 61)。以上结果表明,甘薯花生轮作可促进花生蛋白质和脂肪转化,改善花生籽仁品质。

表 4 - 61　轮作甘薯对连作花生籽仁品质的影响

处理	可溶性糖(%)	蛋白质(%)	粗脂肪(%)	油酸/亚油酸
轮作甘薯	5.13b	25.83a	51.76a	1.51a
连作花生	5.67a	23.96b	48.17b	1.38b

注:同一列数据中不同小写字母表示差异显著($P<0.05$)。

(三) 模拟轮作对连作花生的影响

试验于 1987 年开始,先将取自同一地块的供试土壤过筛拌匀后,均匀地摊放在 2 个预先挖好的深 30 cm、底土坚实的池内,灌水沉实后,整成活土层 30 cm 的取土池。1 个池子按照休闲—甘薯—玉米 3 年轮作制在其上种植作物,作为轮作土取土池;1 个池子连续种植花生,作为连作土取土池。

1990 年 9 月下旬,连作花生收获后,在连作土取土池中隔一定距离播种小麦(禾本科)、菠菜(藜科)、油菜和水萝卜(十字花科),同时留出连作土休闲对照。同年 11 月下旬翻压。1991 年 5 月初按上述播种翻压的作物取土装盆,同时取冬季休闲连作土和轮作土作对照。试验设 6 个处理,4 次重复。于 5 月上旬播种,每盆播 4 粒,出苗后留生长一致的 2 株。

1. 模拟轮作对连作花生植株性状的影响

采用小麦、菠菜、油菜、水萝卜等 3 科 4 种作物与连作花生实行模拟轮作,可以明显促进连作花生的生长发育。对促进主茎生长,以菠菜、油菜茬最为突出,主茎高较连作对照分别高 2.90 cm 和 2.65 cm;其次为水萝卜和小麦茬,较连作对照分别高 1.65 cm 和 1.20 cm。对单株总分枝数的促进,以小麦茬最好,水萝卜茬次之,较连作对照分别多 1.9 条和 1.0 条,较轮作对照也有所增加。对单株结果数的促进,以小麦茬最强,油菜茬次之,较连作对照分别多 2.2 个和 1.4 个。对饱果数的促进,以小麦和菠菜茬为好,较连作对照分别多 3.1 个和 3 个;水萝卜茬次之,较连作对照多 2.1 个。对抑制烂果,4 种作物均有一定的效果,以小麦茬最为突出,与多年轮作土对照相同,均无烂果(表 4 - 62)。以上结果表明,模拟轮作对改善连作花生土壤的生态环境确有明显的作用,但作物间存在差异;选用作物得当,可以促进连作花生的生育,抑制连作花生土传病害的发生。

表4-62　模拟轮作对连作花生植株性状的影响

处理	主茎高(cm)	单株分枝数(条)	单株结果数(个)	单株饱果数(个)	单株烂果数(个)
小麦	21.80	12.30	26.8	10.1	0
菠菜	23.50	11.25	23.3	10.0	0.25
油菜	23.25	11.25	26.0	7.8	0.25
水萝卜	22.25	11.40	24.3	9.1	0.40
连作CK1	20.60	10.40	24.6	7.0	1.40
轮作CK2	22.60	11.00	25.9	9.4	0

2. 模拟轮作对连作花生产量的影响

采用小麦、菠菜、油菜、水萝卜与连作花生实行模拟轮作,均能一定程度提高连作花生产量。其中,小麦茬效果最好,其生物产量和荚果产量较连作对照分别增产23.98%和25.1%,较轮作对照分别增产7.9%和15.0%;其次为水萝卜茬,其生物产量和荚果产量较连作对照分别增产23.22%和21.20%,较轮作对照分别增产7.23%和11.40%。采用小麦和水萝卜与连作花生实行模拟轮作,其荚果增产均达极显著水平(表4-63)。

表4-63　不同作物模拟轮作对连作花生产量的影响

处理	生物产量			荚果产量		
	(g/盆)	较连作对照(%)	较轮作对照(%)	(g/盆)	较连作对照(%)	较轮作对照(%)
小麦	117.10	23.98	7.09	66.8aA	25.10	15.00
菠菜	112.33	18.93	3.50	61.0abAB	14.20	5.00
油菜	110.30	16.78	1.63	62.5abAB	17.00	7.60
水萝卜	116.38	23.22	7.23	64.7aA	21.20	11.40
连作对照	94.45		-12.00	53.4bB		-8.10
轮作对照	108.53	14.91		58.1bAB	8.80	

注:同一列数据中不同大、小写字母分别表示极显著差异($P<0.01$)和显著差异($P<0.05$)。

(四) 越冬作物不同茬口对连作花生的影响

选择多年连作花生地块,设置多年连作露地栽培(DNCK)、与小麦轮作(DNXM)、与菠菜轮作(DNBC)、与大蒜轮作(DNDS)4个处理。连作花生收获后于10月初播种大蒜、小麦和菠菜,次年种植花生前收获。采用栽培池种植,栽培池面积3.2 m×3.1 m,池内土壤为砂壤土。花生种植密度18.85万穴/hm²(行距30 cm,穴距20 cm)。选用花生品种为780-15和丰花1。

1. 越冬作物不同茬口对连作花生植株性状的影响

不同前茬作物处理对两个品种农艺性状的影响不同。种植小麦显著提高了780-15的主茎高、侧枝长、主茎绿叶数和总干物质重,分别比对照增加40.15%、32.86%、62.82%和11.20%;种植大蒜提高了780-15的主茎高,比对照增加18.61%;种植菠菜对780-15植株性状影响不大。与对照相比,种植小麦显著提高了丰花1的主茎高、主茎绿叶数和总干物质重,分别增加18.48%、31.73%和9.26%;种植大蒜分别增加了7.79%、23.21%和4.91%;种植菠菜对丰花1植株性状影响不明显。三种前茬作物对两个品种连作花生的分枝数影响不显著。以上表明,小麦茬显著促进了连作花生的主茎高、侧枝长、主茎绿叶数和总干物质重,其次是大蒜茬;菠菜茬对花生植株的影响不明显。两个品种相比,780-15提高幅度较丰花1大(表4-64)。

表4-64 越冬作物不同茬口对连作花生植株性状的影响(结荚期)

品种	处理	主茎高(cm)	侧枝长(cm)	分枝数(条)	主茎绿叶数(片)
780-15	DNCK	27.40c	29.00d	5.00a	7.88b
	DNDS	32.50b	36.87a	5.33a	11.25a
	DNXM	38.40a	38.53a	5.00a	12.83a
	DNBC	27.41c	29.02c	4.00a	9.67ab
丰花1	DNCK	22.70c	28.90c	5.00a	8.92b
	DNDS	24.50b	29.45a	5.33a	10.99a
	DNXM	26.93a	29.55a	5.33a	11.75a
	DNBC	22.74c	28.93c	4.67a	8.98b

注:同一品种同一列数据中不同小写字母表示差异显著($P<0.05$)。

2. 越冬作物不同茬口对连作花生干物质积累的影响

三种前茬作物均提高了连作花生的根、茎、叶、果干物质重,以种植小麦效果最明显,其次是种植大蒜、菠菜。小麦茬780-15根、茎、叶、果干物质重分别比对照提高30.19%、20.58%、6.82%和7.81%,总干物质重提高11.20%;小麦茬丰花1分别比对照提高20.37%、13.25%、5.84%和7.12%,总干物质重提高9.26%。大蒜茬780-15根、茎、叶、果干物质重分别比对照提高12.26%、7.12%、3.27%和4.08%,总干物质重提高4.92%;大蒜茬丰花1分别比对照提高9.26%、5.83%、3.01%和3.46%,总干物质重提高4.91%。菠菜茬780-15根、茎、叶、果干物质重分别比对照提高1.89%、1.58%、0.74%和1.74%,总干物质重提高1.30%;菠菜茬丰花1分别比对照提高1.85%、1.20%、0.69%和1.64%,总干物质重提高1.18%。

两个品种相比,三种前茬作物对 780-15 干物质重提高幅度较丰花 1 大(表 4-65)。

表 4-65　越冬作物不同茬口对连作花生干物质积累的影响(饱果期)

单位:g/株

品种	处理	根	茎	叶	果	总重
780-15	DNCK	1.06c	13.90d	17.45d	11.52d	43.93d
	DNDS	1.19b	14.89b	18.02b	11.99b	46.09b
	DNXM	1.38a	16.76a	18.64a	12.42a	49.20a
	DNBC	1.08b	14.12c	17.58c	11.72c	44.50c
丰花 1	DNCK	1.08d	12.53d	11.64d	10.39d	35.64d
	DNDS	1.18b	13.26c	11.99b	10.75b	37.18b
	DNXM	1.30a	14.19a	12.32a	11.13a	38.94a
	DNBC	1.10c	12.68c	11.72c	10.56c	35.64d

注:同一品种同一列数据中不同小写字母表示差异显著($P<0.05$)。

3. 越冬作物不同茬口对连作花生叶片光合性能的影响

(1) 对连作花生叶片气孔导度的调控作用:气孔导度的大小可以表明气孔开度的大小,对叶肉细胞内外 CO_2 和 H_2O 交换起关键作用。植物通过气孔的开闭对外界环境做出响应。三种前茬作物提高了连作花生各生育期的叶片气孔导度,与叶片净光合速率的变化规律一致。苗期,780-15 以菠菜茬提高最明显,提高 48.84%;花针期、结荚期、饱果期均以小麦茬提高最明显,分别提高 81.25%、44.83% 和 7.00%。种植小麦提高了丰花 1 各生育期的气孔导度,分别提高 43.18%、33.33%、4.00% 和 30.00%(表 4-66)。三种前茬作物提高了连作花生

表 4-66　越冬作物不同茬口对连作花生叶片气孔导度的影响

单位:mol H_2O/(m^2 · s)

品种	处理	苗期	花针期	结荚期	饱果期
780-15	DNCK	0.43d	0.48d	0.58d	0.19c
	DNDS	0.48c	0.62c	0.68c	0.25b
	DNXM	0.58b	0.87a	0.84a	0.26a
	DNBC	0.64a	0.65b	0.72b	0.25b
丰花 1	DNCK	0.44d	0.63d	0.50c	0.20d
	DNDS	0.53b	0.83b	0.50b	0.23b
	DNXM	0.63a	0.84a	0.52a	0.26a
	DNBC	0.52c	0.69c	0.50d	0.22c

注:同一品种同一列数据中不同小写字母表示差异显著($P<0.05$)。

的气孔导度,增加了叶肉细胞的 CO_2 浓度,进而增加了光合作用的碳源,为单叶光合速率提高及后期产量提高奠定基础。

（2）对连作花生叶片胞间 CO_2 浓度的调控作用：三种前茬作物处理降低了连作花生叶片胞间 CO_2 浓度,与叶片净光合速率的变化规律相反。苗期,菠菜茬 780 - 15 叶片胞间 CO_2 浓度下降最大,降低 18.12%；花针期、结荚期、饱果期均以小麦茬下降最明显,分别降低 6.23%、17.03% 和 11.79%。种植小麦降低了丰花 1 各生育期的叶片细胞间 CO_2 浓度,分别下降 4.86%、7.86%、13.80% 和 6.70%（表 4 - 67）。下降的主要原因是,光合作用增强,光合作用利用了更多的 CO_2。

表 4 - 67　冬季作物不同茬口对连作花生叶片胞间 CO_2 浓度的影响

单位：$\mu mol\ CO_2/mol$

品种	处理	苗期	花针期	结荚期	饱果期
780 - 15	DNCK	268.67a	257.00a	291.67a	234.67a
	DNDS	265.00b	256.67a	270.00b	221.00c
	DNXM	239.00c	241.00c	242.00d	207.00d
	DNBC	220.00d	253.00b	260.67c	232.67b
丰花 1	DNCK	274.33a	267.33a	287.33a	234.00b
	DNDS	265.00c	259.00b	276.67b	221.33c
	DNXM	261.00d	246.33d	247.67d	218.33d
	DNBC	269.00b	254.00c	273.67c	254.33a

注：同一品种同一列数据中不同小写字母表示差异显著（$P<0.05$）。

（3）对连作花生叶片净光合速率的调控作用：三种前茬作物在花生各个生育期均提高了其叶片的净光合速率,且均达到显著性差异。苗期,种植大蒜、小麦和菠菜提高 780 - 15 净光合速率分别为 6.67%、22.08% 和 25.50%,丰花 1 分别提高 20.66%、22.48% 和 8.43%；花针期,780 - 15 净光合速率分别提高 5.27%、24.93% 和 16.13%,丰花 1 分别提高 27.45%、33.06% 和 31.64%；结荚期,780 - 15 净光合速率分别提高 7.47%、37.02% 和 9.34%,丰花 1 分别提高 4.99%、24.47% 和 12.24%；饱果期,780 - 15 净光合速率分别提高 3.75%、16.76% 和 2.71%,丰花 1 分别提高 18.82%、30.36% 和 16.83%（表 4 - 68）。净光合速率的提高,促进了光合产物积累,为最终产量的提高打下基础。

表 4-68　越冬作物不同茬口对连作花生净光合速率的影响

单位：μmol CO$_2$/（m^2·s）

品种	处理	苗期	花针期	结荚期	饱果期
780-15	DNCK	17.53d	18.97d	14.45d	12.53d
	DNDS	18.70c	19.97c	15.53c	13.00b
	DNXM	21.40b	23.70a	19.80a	14.63a
	DNBC	22.00a	22.03b	15.80b	12.87c
丰花1	DNCK	18.15d	18.36d	12.83d	11.53c
	DNDS	21.90b	23.40c	13.47c	13.70b
	DNXM	22.23a	24.43a	15.97a	15.03a
	DNBC	19.68c	24.17b	14.40b	13.47c

注：同一品种同一列数据中不同小写字母表示差异显著（$P<0.05$）。

4. 越冬作物不同茬口对连作花生产量的影响

单株结果数是构成花生产量的主要因素，结果情况反映产量高低和增产潜力。三种前茬作物均一定程度提高了连作花生单株结果数和产量，两个品种均以种植小麦的茬口提高效果最明显，780-15 和丰花 1 的单株结果数较对照提高 24.16％、15.77％，产量提高 47.95％、14.60％；种植大蒜，780-15 和丰花 1 的产量分别较对照提高 11.57％和 11.30％；种植菠菜对连作花生产量的提高效果不明显。三种前茬作物降低了连作花生荚果的千克果数和籽仁的千克仁数，提高了果重和仁重。种植小麦对提高连作花生产量效果最好，其次是种植大蒜、菠菜。两个品种相比，三种前茬作物对 780-15 产量的提高幅度较丰花 1 大（表 4-69）。

表 4-69　越冬作物不同茬口对连作花生产量的影响

品种	处理	千克果数（个）	千克仁数（个）	出仁率（％）	单株结果数（个）	产量（kg/hm^2）
780-15	DNCK	676.0a	966.0a	69.01d	19.3d	3 915.2d
	DNDS	656.0c	866.0c	71.27b	21.0b	4 368.2b
	DNXM	564.0d	860.0d	72.51a	24.0a	4 532.6a
	DNBC	668.0b	894.0b	70.55c	19.7c	4 067.4c
丰花1	DNCK	812.0a	1 124.0a	66.10d	24.7c	3 490.1d
	DNDS	650.0c	1 042.0c	67.65b	30.3b	3 884.3b
	DNXM	646.0d	976.0d	69.04a	36.5a	3 999.7a
	DNBC	770.0b	1 100.0b	66.54c	25.0c	3 758.4c

注：同一品种同一列数据中不同小写字母表示差异显著（$P<0.05$）。

5. 越冬作物不同茬口对连作花生籽仁品质的影响

（1）对连作花生籽仁脂肪、脂肪酸组分及 O/L 的影响：三种前茬作物对花生籽仁品质的影响，品种间存在差异。种植大蒜和菠菜提高了 780 - 15 籽仁脂肪含量和油酸/亚油酸（O/L）比值，其中种植菠菜影响 780 - 15 的 O/L 值明显，提高 16.91%；而种植小麦降低了 780 - 15 的脂肪含量和 O/L 比值。三种前茬作物提高了丰花 1 的脂肪含量和 O/L 比值，其中种植菠菜提高幅度最大，分别较对照提高 5.51% 和 7.22%。究其原因，主要是因为种植大蒜和种植菠菜提高了花生籽仁的油酸含量、硬脂酸含量，降低了棕榈酸含量、亚油酸含量。三种前茬作物茬口对其他的脂肪酸组分影响不大。以上表明，前茬作物茬口影响了主要脂肪酸组分，种植大蒜和菠菜使花生制品货架期延长（表 4 - 70）。

表 4 - 70　不同茬口对连作花生脂肪、脂肪酸组分及 O/L 的影响

品种	处理	脂肪（%）	油酸/亚油酸（O/L）	棕榈酸（%）	油酸（%）	亚油酸（%）	硬脂酸（%）
780 - 15	DNCK	47.60b	1.36c	11.75b	46.12c	33.81b	2.71c
	DNDS	47.97b	1.39b	11.55c	46.84b	33.74c	2.76b
	DNXM	44.37c	1.21d	12.37a	43.48d	35.96a	2.60d
	DNBC	50.50a	1.59a	11.37d	49.38a	31.10d	2.99a
丰花 1	DNCK	51.51c	0.97c	12.28c	38.81c	40.05b	3.02c
	DNDS	52.73b	1.00b	12.20d	40.37a	38.73d	3.17a
	DNXM	54.30a	0.94d	12.94a	37.76d	40.37a	3.00d
	DNBC	54.35a	1.04a	12.69b	39.36b	39.42c	3.12b

注：同一品种同一列数据中不同小写字母表示差异显著（$P < 0.05$）。

（2）对连作花生籽仁蛋白质、游离氨基酸和碳水化合物的影响：三种前茬作物提高了 780 - 15 籽仁中的蛋白质和游离氨基酸含量，其中以种植菠菜提高效果最明显，分别比对照提高 8.47% 和 4.07%；提高了 780 - 15 籽仁中的蔗糖含量和淀粉含量，以种植小麦提高效果最明显，分别比对照提高 19.37% 和 23.33%。种植小麦显著提高了 780 - 15 籽仁中的可溶性糖含量，较对照提高 16.71%；种植大蒜和菠菜降低了 780 - 15 籽仁中的可溶性糖含量，分别较对照下降 15.34%、34.79%。三种前茬作物降低了丰花 1 籽仁中的蛋白质、游离氨基酸、蔗糖和淀粉含量，蛋白质和蔗糖含量下降以种植小麦最明显，分别较对照下降 4.54% 和 24.60%；种植小麦提高了丰花 1 籽仁中的可溶性糖含量，比对照提高 12.20%（表 4 - 71）。

表 4 - 71　不同茬口对连作花生蛋白质、游离氨基酸及碳水化合物含量的影响

品种	处理	蛋白质 (%)	游离氨基酸 (μg/g DW)	可溶性糖 (%)	蔗糖 (%)	淀粉 (%)
780 - 15	DNCK	28.94c	375.1c	3.65b	5.73c	5.70d
	DNDS	29.37b	481.2a	3.09c	6.35b	6.39c
	DNXM	29.43b	483.9a	4.26a	6.84a	7.03a
	DNBC	31.39a	390.4b	2.38d	6.13b	6.63b
丰花 1	DNCK	31.50a	424.4a	3.28b	6.26a	6.47a
	DNDS	30.77b	320.3c	2.71d	4.80c	5.57b
	DNXM	30.07c	353.8b	3.68a	4.72c	4.76c
	DNBC	30.21b	338.6b	2.94c	5.42b	4.52c

注:同一品种同一列数据中不同小写字母表示差异显著($P<0.05$)。

（3）对连作花生籽仁中氨基酸含量的影响:就人体必需的 8 种氨基酸而言,花生比较富含亮氨酸、苯丙氨酸,而蛋氨酸、赖氨酸、苏氨酸含量相对不足。种植小麦提高了 780 - 15 籽仁的赖氨酸含量,提高 2.5%;种植大蒜和菠菜降低了 780 - 15 籽仁的赖氨酸含量。种植菠菜提高了 780 - 15 籽仁的苯丙氨酸含量,提高 6.34%;种植大蒜和小麦则降低了其含量。三种前茬作物降低了 780 - 15 籽仁的苏氨酸、亮氨酸、异亮氨酸和缬氨酸含量。种植小麦提高了丰花 1 籽仁的苯丙氨酸和缬氨酸含量,分别提高 1.39%、7.20%;种植大蒜和菠菜则降低了丰花 1 籽仁的苯丙氨酸和缬氨酸含量;三种前茬作物降低了丰花 1 籽仁的赖氨酸、苏氨酸、亮氨酸和异亮氨酸的含量,但影响不大（表 4 - 72）。

表 4 - 72　不同茬口对连作花生籽仁氨基酸含量的影响

单位:%

品种	处理	赖氨酸	苯丙氨酸	苏氨酸	异亮氨酸	亮氨酸	缬氨酸
780 - 15	DNCK	1.20b	1.42b	0.96a	1.10a	2.04a	1.28a
	DNDS	1.17c	1.35c	0.94b	1.01b	1.96b	1.28a
	DNXM	1.23a	1.24d	0.96a	1.00b	1.89c	1.01b
	DNBC	1.04d	1.51a	0.88c	0.94c	1.83d	1.01b
丰花 1	DNCK	1.09a	1.44b	1.02a	1.02b	1.97a	1.25b
	DNDS	1.01c	1.39d	1.02a	0.99c	1.92c	1.11d
	DNXM	1.02bc	1.46a	1.01ab	1.02b	1.95b	1.34a
	DNBC	1.03b	1.41c	1.00b	1.05a	1.96ab	1.18c

注:同一品种同一列数据中不同小写字母表示差异显著($P<0.05$)。

六、玉米花生间作对消减花生连作障碍的作用

试验用地为砂壤土,土壤有机质含量为 $20.7\,g/kg$、全氮含量为 $1.57\,g/kg$、碱解氮含量为 $89.26\,mg/kg$、有效磷含量为 $62.15\,mg/kg$、速效钾含量为 $98.1\,mg/kg$。2015—2016 年玉米花生间作种植,处理如下:玉米花生行比 1：4 间作(TJZ1)、2：4 间作(TJZ2)、3：5 间作(TJZ3)三种不同模式,以及玉米单作(TLY),同时设置多年花生连作(DDH)为对照。选用花生品种山花 108 和玉米品种山农 206;花生种植密度 1.5×10^5 穴/hm^2,每穴两粒,畦种(每畦 6 行),花生行距 30 cm、穴距 20 cm,玉米行距 60 cm、株距 18cm。所有处理整地前基施复合肥($N - P_2O_5 - K_2O = 15 - 15 - 15$)$750\,kg/hm^2$。2015 年的玉米花生间作种植地块中玉米种植条带和花生种植条带于 2016 年相互交换种植,在 2017—2018 年均进行花生单作种植(表 4 - 73)。每年均于 5 月中旬播种。

表 4 - 73　试验设计

处理	2015 年	2016 年	2017 年	2018 年
TJZ1	玉米花生 1：4 间作	玉米花生 1：4 间作	花生单作	花生单作
TJZ2	玉米花生 2：4 间作	玉米花生 2：4 间作	花生单作	花生单作
TJZ3	玉米花生 3：5 间作	玉米花生 3：5 间作	花生单作	花生单作
TLY	玉米单作	玉米单作	花生单作	花生单作
DDH	花生连作	花生连作	花生连作	花生连作

(一) 玉米花生间作对连作花生土壤养分含量的影响

1. 玉米花生间作对连作花生土壤有机质含量的影响

与对照(DDH)处理相比,玉米花生间作(TJZ1、TJZ1、TJZ3)和玉米单作(TLY)处理在各生育期均显著增加了各土层土壤有机质含量;与 TLY 处理相比,玉米花生间作处理均增加了土壤有机质含量,且达到差异显著水平;不同玉米花生间作处理之间的土壤有机质含量无显著差异。随着土层加深和花生种植年限增加,土壤有机质含量逐渐下降。以上说明,玉米花生间作处理和玉米单作处理相较于花生连作可以显著增加土壤有机质含量,且间作效果明显好于玉米单作效果(表 4 - 74)。

表 4 - 74 玉米花生间作对土壤有机质含量的影响

单位:g/kg

土层	处理	2017 年				2018 年			
		花针期	结荚期	饱果期	收获期	花针期	结荚期	饱果期	收获期
0~10 cm	TJZ1	19.34a	17.00a	15.20a	14.16a	16.27a	15.23a	14.33a	13.09a
	TJZ2	19.44a	17.07a	15.26a	14.23a	16.27a	15.06a	14.19a	13.09a
	TJZ3	19.54a	17.04a	15.30a	14.03a	16.20a	15.06a	14.29a	13.36a
	TLY	17.91b	16.17b	14.23b	13.02b	15.10b	14.13b	13.29b	12.05b
	DDH	16.80c	15.06c	13.22c	12.36c	13.22c	12.72c	11.85c	11.18c
10~20 cm	TJZ1	18.88a	16.50a	14.86a	13.39a	15.90a	15.00a	13.83a	12.32a
	TJZ2	18.91a	16.30a	14.60a	13.32a	15.87a	14.96a	13.86a	12.25a
	TJZ3	18.94a	16.60a	14.63a	13.36a	15.90a	14.96a	14.09a	12.66a
	TLY	16.90b	15.03b	13.29b	12.02b	14.63b	13.69b	12.99b	11.55b
	DDH	16.17c	14.36c	12.39c	11.35c	13.43c	12.72c	11.92c	10.92c
20~30 cm	TJZ1	16.50a	15.30a	13.29a	11.85a	13.83a	12.89a	11.99a	9.75a
	TJZ2	16.43a	15.30a	13.26a	11.89a	13.99a	13.02a	11.92a	9.81a
	TJZ3	16.07a	15.16a	13.29a	11.95a	13.76a	12.99a	11.89a	9.98a
	TLY	13.43b	13.16b	11.89b	10.52b	12.36b	11.99b	10.82b	9.04b
	DDH	12.02c	12.22c	10.52c	9.81c	11.79c	10.85c	9.58c	8.11c

注:同一土层同一列数据中不同小写字母表示差异显著($P<0.05$)。

2. 玉米花生间作对连作花生土壤全氮含量的影响

与 DDH 处理相比,在 0~10 cm 土层中,玉米花生间作处理显著提高了花针期和结荚期的土壤全氮含量;TLY 处理对土壤全氮含量影响较小。10~20 cm 土层中,玉米花生间作处理显著提高了花生不同生育期的土壤全氮含量;TLY 处理土壤全氮含量略有提高,仅 2017 年结荚期、2018 年结荚期与饱果期达到显著差异水平。20~30 cm 土层中,不同处理的土壤全氮含量均无显著差异。以上说明,玉米花生间作处理有利于提高花生生育前中期 0~20 cm 土层全氮含量,而对生育后期影响较小,且对浅层土壤影响效果好于深层;而玉米单作处理对土壤全氮含量影响较小(表 4 - 75)。

表 4 - 75 玉米花生间作对土壤全氮含量的影响

单位:g/kg

土层	处理	2017 年				2018 年			
		花针期	结荚期	饱果期	收获期	花针期	结荚期	饱果期	收获期
0~10 cm	TJZ1	0.98a	0.96a	0.90a	0.84a	0.91a	0.90a	0.82a	0.75a
	TJZ2	0.99a	0.97a	0.88a	0.87a	0.91a	0.89a	0.80a	0.78a
	TJZ3	0.99a	0.95a	0.88a	0.85a	0.91a	0.89a	0.79a	0.76a
	TLY	0.91b	0.88b	0.86a	0.82a	0.88ab	0.90a	0.77a	0.74a
	DDH	0.90b	0.90b	0.86a	0.83a	0.85b	0.77b	0.77a	0.73a

（续表）

土层	处理	2017 年				2018 年			
		花针期	结荚期	饱果期	收获期	花针期	结荚期	饱果期	收获期
10~20 cm	TJZ1	0.94a	0.92a	0.88a	0.85ab	0.89a	0.88a	0.86a	0.76a
	TJZ2	0.93a	0.89a	0.88a	0.86a	0.91a	0.88a	0.86a	0.77a
	TJZ3	0.94a	0.88a	0.87ab	0.87a	0.89a	0.90a	0.86a	0.78a
	TLY	0.89ab	0.88a	0.85ab	0.81ab	0.88ab	0.85a	0.82ab	0.76a
	DDH	0.86b	0.82b	0.82b	0.80b	0.84b	0.73b	0.79b	0.69b
20~30 cm	TJZ1	0.88a	0.64a	0.61a	0.55a	0.75a	0.71a	0.67a	0.61a
	TJZ2	0.88a	0.64a	0.60a	0.54a	0.76a	0.76a	0.63a	0.60a
	TJZ3	0.85a	0.63a	0.63a	0.56a	0.80a	0.75a	0.69a	0.62a
	TLY	0.84a	0.64a	0.62a	0.52a	0.77a	0.76a	0.68a	0.59a
	DDH	0.85a	0.63a	0.60a	0.53a	0.76a	0.77a	0.66a	0.57a

注:同一土层同一列数据中不同小写字母表示差异显著（$P < 0.05$）。

3. 玉米花生间作对连作花生土壤有效磷含量的影响

与 DDH 处理相比，玉米花生间作处理的土壤有效磷含量无显著变化，TLY 处理土壤有效磷含量显著降低。与 TLY 处理相比，玉米花生间作处理的土壤有效磷含量显著增加。2018 年的土壤有效磷含量较 2017 年有所降低（表 4-76）。

表 4-76 玉米花生间作对土壤有效磷含量的影响

单位:mg/kg

土层	处理	2017 年				2018 年			
		花针期	结荚期	饱果期	收获期	花针期	结荚期	饱果期	收获期
0~10 cm	TJZ1	49.20a	46.06a	41.04a	36.77a	43.49a	41.98a	34.45a	33.07a
	TJZ2	49.57a	45.37a	40.54a	36.96a	43.42a	42.36a	34.39a	33.39a
	TJZ3	49.38a	45.18a	41.04a	36.33a	42.86a	41.17a	35.14a	33.64a
	TLY	46.18b	38.72b	34.70b	30.69b	38.22b	30.88b	25.79b	24.60b
	DDH	50.76a	46.75a	40.79a	38.03a	44.18a	42.92a	34.70a	33.70a
10~20 cm	TJZ1	47.82a	44.36a	39.91a	36.33a	36.52a	31.63a	30.62a	28.68a
	TJZ2	47.25a	44.87a	39.91a	36.21a	36.46a	31.38a	30.50a	28.62a
	TJZ3	47.56a	44.43a	40.10a	35.58a	36.08a	31.00a	30.56a	28.74a
	TLY	42.11b	38.72b	33.64b	29.50b	32.13b	26.67b	24.29b	22.72b
	DDH	47.75a	44.11a	40.54a	36.46a	36.71a	31.88a	31.19a	29.12a
20~30 cm	TJZ1	38.72a	30.62a	26.42a	22.78a	29.68a	26.48a	20.08a	16.95a
	TJZ2	39.09a	30.62a	26.48a	23.15a	30.37a	26.61a	20.65a	16.82a
	TJZ3	38.78a	30.69a	27.42a	22.41a	29.24a	26.55a	20.59a	16.95a
	TLY	32.51b	23.66b	19.65b	18.33b	24.98b	16.63b	15.88b	13.68b
	DDH	38.59a	30.69a	27.42a	22.91a	30.44a	26.55a	20.65a	17.07a

注:同一土层同一列数据中不同小写字母表示差异显著（$P < 0.05$）。

4. 玉米花生间作对连作花生土壤速效钾含量的影响

0～20 cm 土层，与 DDH 处理相比，玉米花生间作处理和 TLY 处理不同生育期的土壤速效钾含量显著降低；TLY 处理的土壤速效钾含量降低显著高于玉米花生间作处理。不同玉米花生间作处理之间的土壤有速效钾含量无显著差异。20～30 cm 土层(除 2017 年结荚期)土壤速效钾含量表现出与 0～20 cm 土层一致的变化趋势，且随着花生种植年限增加，含量呈现下降趋势(表 4 - 77)。

表 4 - 77　玉米花生间作对土壤速效钾含量的影响

单位：mg/kg

土层	处理	2017 年				2018 年			
		花针期	结荚期	饱果期	收获期	花针期	结荚期	饱果期	收获期
0～10 cm	TJZ1	77.05b	73.88b	65.53b	61.86b	70.19b	67.97b	62.05b	58.08b
	TJZ2	76.38b	72.87b	65.87b	61.53b	69.68b	67.11b	61.51b	58.08b
	TJZ3	76.38b	73.38b	66.87b	61.70b	68.82b	67.62b	62.05b	58.80b
	TLY	67.87c	60.70c	51.35c	48.35c	63.69c	58.39c	51.40c	47.78c
	DDH	80.38a	77.21a	70.04a	64.20a	73.78a	69.85a	66.92a	63.68a
10～20 cm	TJZ1	72.04b	69.87b	62.86b	58.03b	68.31b	66.60b	58.80b	52.30b
	TJZ2	72.21b	69.37b	62.20b	58.19b	68.14b	66.26b	58.08b	52.12b
	TJZ3	72.21b	69.20b	61.36b	58.03b	67.97b	65.92b	58.62b	52.12b
	TLY	62.36c	57.19c	54.19c	48.85c	60.27c	58.56c	52.48c	46.16c
	DDH	75.04a	72.04a	66.03a	60.86a	70.71a	69.17a	61.51a	58.98a
20～30 cm	TJZ1	58.19b	53.19b	50.69b	45.01b	49.48b	46.77b	43.79b	36.21b
	TJZ2	57.69b	54.52ab	49.85b	45.18b	49.83b	46.77b	44.31b	36.38b
	TJZ3	58.03b	53.19b	50.85b	45.68b	49.31b	47.28b	43.97b	36.90b
	TLY	43.18c	39.67c	37.84c	36.17c	41.38c	37.53c	36.55c	24.48c
	DDH	61.20a	55.86a	52.69a	48.02a	53.45a	50.36a	48.62a	39.48a

注：同一土层同一列数据中不同小写字母表示差异显著($P<0.05$)。

(二) 玉米花生间作对连作花生土壤酶活性的影响

1. 玉米花生间作对连作花生土壤脲酶活性的影响

0～10 cm、10～20 cm、20～30 cm 3 个土层的土壤脲酶活性变化趋势一致。与 DDH 处理相比，玉米花生间作处理的土壤脲酶活性均明显提高，TLY 处理的土壤脲酶活性降低。不同玉米花生间作处理间土壤脲酶活性差异不明显。玉米单作处理，随着花生种植年限增加不利于提高土壤脲酶活性(图 4 - 52)。

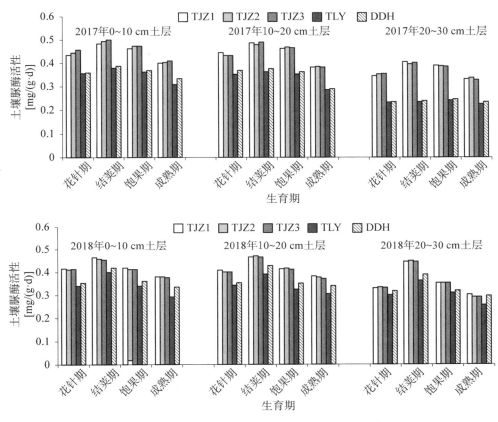

图4-52 玉米花生间作对连作花生土壤脲酶活性的影响

2. 玉米花生间作对连作花生土壤蔗糖酶活性的影响

与DDH处理相比，玉米花生间作处理的各土层土壤蔗糖酶活性显著提高，而TLY处理的土壤蔗糖酶活性无显著变化。随着土层加深和花生种植年限增加，土壤蔗糖酶活性呈现下降趋势。不同玉米花生间作模式之间土壤蔗糖酶活性略有差异，但不明显（图4-53）。

3. 玉米花生间作对连作花生土壤过氧化氢酶活性的影响

相较于DDH处理，玉米花生间作处理土壤过氧化氢酶活性差异不明显；而相较于DDH处理和玉米花生间作处理，TLY处理土壤过氧化氢酶活性显著提高。3个土层的土壤过氧化氢酶活性均呈现出一致的变化趋势。2018年土壤过氧化氢酶活性较2017年有所降低，不同玉米花生间作处理间土壤过氧化氢酶活性差异不大（图4-54）。

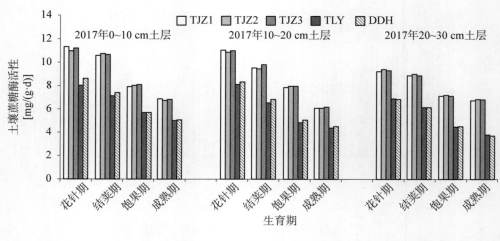

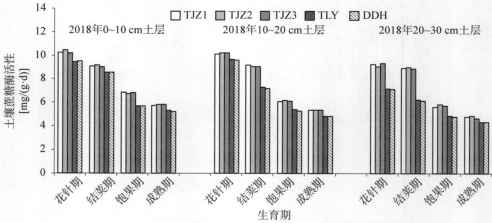

图 4 - 53 玉米花生间作对连作花生土壤蔗糖酶活性的影响

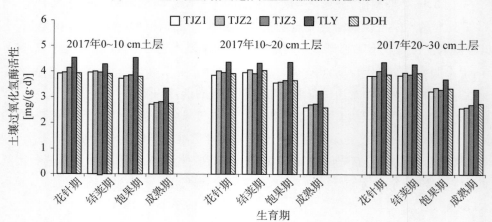

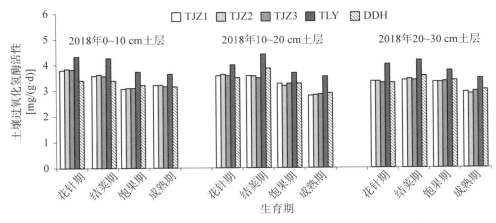

图4-54 玉米花生间作对连作花生土壤过氧化氢酶活性的影响

（三）玉米花生间作对连作花生土壤微生物的影响

1. 玉米花生间作对连作花生土壤细菌数量的影响

2017年,不同土层玉米花生间作处理较DDH处理,土壤细菌数量均有不同程度的提高,且不同生育期均差异明显;而TLY处理(除花针期0～10 cm土层)的土壤细菌数量略有增加,但差异不明显。2018年,与DDH处理相比,玉米花生间作处理和TLY处理的0～10 cm土层土壤细菌数量有不同程度的提高,且不同生育期的差异均明显。20～30 cm土层与0～10 cm土层的细菌数量表现一致的变化趋势,随着土层加深,土壤细菌数量呈现下降趋势;随着花生种植年限增加,土壤细菌数量也呈现下降趋势(图4-55)。

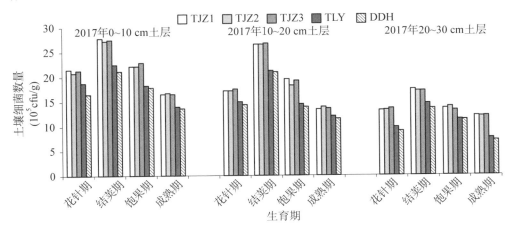

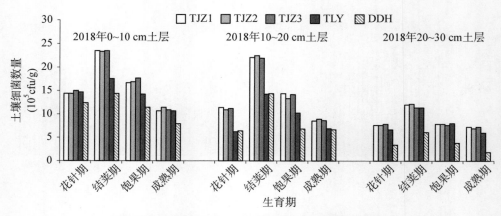

图 4 - 55　玉米花生间作对连作花生土壤细菌数量的影响

2. 玉米花生间作对连作花生土壤真菌数量的影响

在 0～10 cm 土层，与 DDH 处理相比，TLY 处理、玉米花生间作处理均显著降低了土壤中真菌数量。与玉米花生间作处理相比，TLY 处理对土壤真菌数量降幅更高。不同玉米花生间作处理间土壤真菌数量差异不明显。10～20 cm 和 20～30 cm 土层土壤真菌数量表现出与 0～10 cm 土层一致的变化趋势，随着土层的逐渐加深以及花生种植年限增加，均使土壤真菌数量呈现下降趋势（图 4 - 56）。

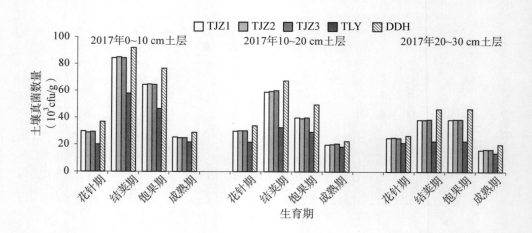

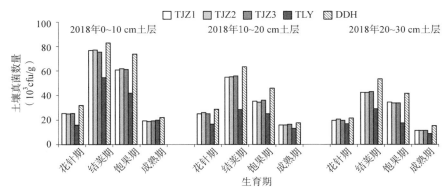

图 4 - 56　玉米花生间作对连作花生土壤真菌数量的影响

3. 玉米花生间作对连作花生土壤放线菌数量的影响

与 DDH 处理相比,玉米花生间作处理的土壤放线菌数量显著提高,而 TLY 处理的土壤放线菌数量无显著差异。随着土层加深,土壤放线菌数量呈现明显下降趋势;与 2017 年相比,2018 年 20～30 cm 土层不同处理间土壤放线菌数量无明显差异(图 4 - 57)。

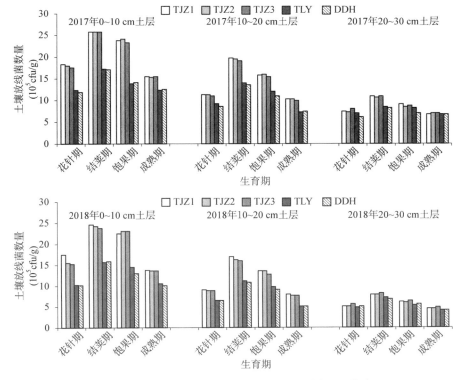

图 4 - 57　玉米花生间作对连作花生土壤放线菌数量的影响

（四）玉米花生间作对连作花生生理特性的影响

1. 玉米花生间作对连作花生叶面积指数的影响

花生整个生育期叶面积指数（LAI）呈现先增加后降低的趋势，2017 年在结荚期达到最大值，2018 年在饱果期达最大值。2017 年和 2018 年花生 LAI 在结荚期、饱果期和收获期均呈现间作＞TLY＞DDH 的趋势。与 DDH 相比，间作和 TLY 处理均显著提高了花生 LAI，间作处理提高效果显著高于 TLY 处理。两年的 LAI 相比，2017 年和 2018 年在花针期、结荚期和饱果期变化规律一致；收获期的 LAI，2018 年相较于 2017 年增加更加显著（图 4 - 58）。

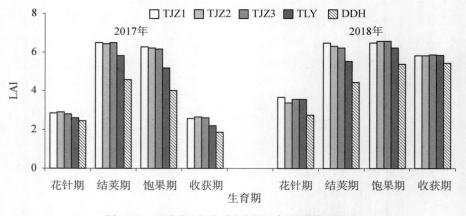

图 4 - 58　玉米花生间作对连作花生叶面积指数的影响

2. 玉米花生间作对连作花生叶片叶绿素含量的影响

花生整个生育期叶片叶绿素含量呈现先升高后降低的变化趋势，结荚期达到最大值。与 DDH 处理相比，间作和 TLY 处理在花生不同生育时期均显著增加了花生叶片叶绿素含量。其中，2017 年 TJZ2 处理相较于其他间作处理的叶绿素含量显著增加。2018 年，与间作处理相比，TLY 处理增加了结荚期、饱果期和收获期叶绿素含量，且以收获期增加最为明显（图 4 - 59）。

3. 玉米花生间作对连作花生叶片净光合速率的影响

花生叶片净光合速率随着生育进程的推进呈现抛物线趋势，在结荚期达到最高值。与 DDH 处理相比，间作和 TLY 处理在花生不同生育期均显著增加了花生叶片净光合速率。2017 年，TJZ2 处理在花针期和收获期相较于 TJZ1 和 TJZ3 处

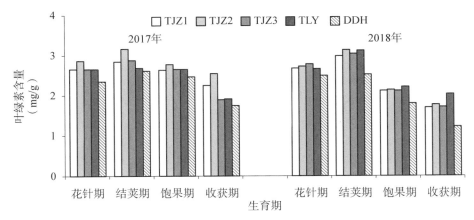

图 4 - 59　玉米花生间作对连作花生叶片叶绿素含量的影响

理显著提高了叶片净光合速率。与 TLY 处理相比,间作在花生不同生育期均显著提高了叶片净光合速率。2018 年,与间作处理相比,TLY 处理在花生收获期相较于其他处理可以保持较高的叶片净光合速率。间作处理改善叶片净光合速率的效果有所下降,较 TLY 处理的效果降低(图 4 - 60)。

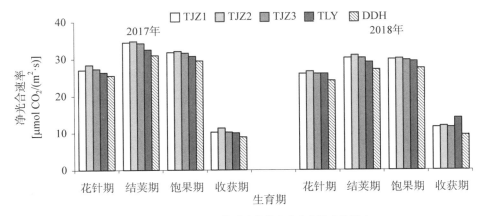

图 4 - 60　玉米花生间作对连作花生净光合速率的影响

4. 玉米花生间作对连作花生根系活力的影响

2017—2018 年的根系活力均随生育进程推进呈现先上升后下降的趋势,在收获期达到最大值。与 DDH 处理相比,间作和 TLY 处理在结荚期、饱果期和收获期均显著提高花生根系活力,而在花针期无显著影响(图 4 - 61)。

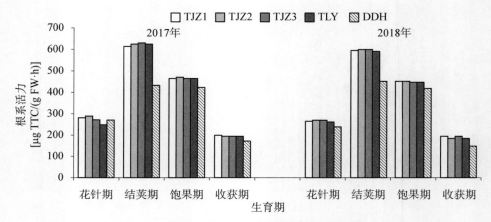

图 4-61　玉米花生间作对连作花生根系活力的影响

5. 玉米花生间作对连作花生叶片抗氧化酶活性及丙二醛（MDA）含量的影响

（1）叶片超氧化物歧化酶（SOD）活性：SOD 可降低活性氧伤害、提高植物抗逆性。随着花生生育进程推进，叶片 SOD 活性呈先升高后降低的趋势，在结荚期达到最大值。与 DDH 处理相比，间作显著提高了花生叶片 SOD 活性，TLY 处理提高的幅度小于间作。3 种不同玉米花生间作（TJZ1、TJZ2、TJZ3）处理间无显著差异。2018 年花生叶片 SOD 活性较 2017 年略有下降，但变化趋势一致（图 4-62）。

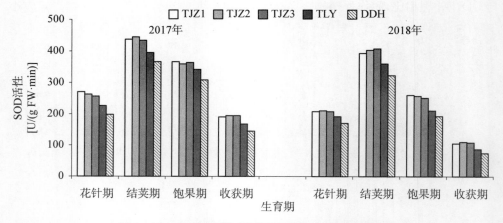

图 4-62　玉米花生间作对连作花生叶片 SOD 活性的影响

（2）叶片过氧化物酶（POD）活性：POD 是植物体内消除过氧化物、降低活性氧伤害的主要酶类之一，与呼吸作用、光合作用及生长素的氧化等都有关系。各处理花生叶片 POD 活性与 SOD 活性变化趋势相似。与 DDH 处理相比,间作和 TLY 处理均提高了叶片 POD 活性,间作提高的幅度大于 TLY 处理。3 种不同间作处理间无显著差异。2018 年花生叶片 POD 活性较 2017 年略有下降,但变化趋势一致(图 4 - 63)。

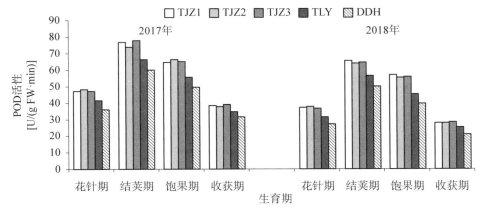

图 4 - 63　玉米花生间作对连作花生叶片 POD 活性的影响

(3) 叶片过氧化氢酶(CAT)活性:CAT 对消除活性氧的毒害作用具有重要意义。在花生生育期内,叶片 CAT 活性呈抛物线变化趋势,在结荚期达到最大值。与 DDH 处理相比,间作处理显著提高了叶片 CAT 的活性;TLY 处理提高幅度小于间作处理。3 种不同玉米花生间作处理之间无显著差异。2018 年叶片 CAT 活性较 2017 年略有下降,但变化趋势一致(图 4 - 64)。

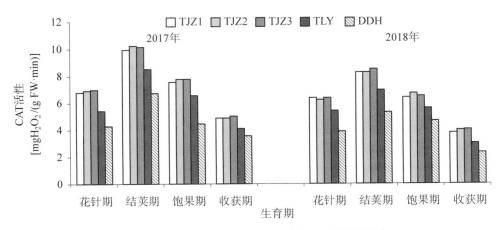

图 4 - 64　玉米花生间作对连作花生叶片 CAT 活性的影响

（4）叶片 MDA 含量：MDA 是膜脂过氧化最重要的产物之一，MDA 含量高低可以反映膜的损伤程度，从而反映植物的衰老情况。2017—2018 年叶片 MDA 含量随生育进程推进均呈现递增趋势，在收获期达到最大值，且 2018 年叶片 MDA 含量较2017 年有所下降。在花生不同生育期，2017 年间作花生叶片的 MDA 含量较 DDH处理降低了 20.88%、27.39%、28.30%和 21.10%；TLY 处理较 DDH 处理降低了 16.35%、11.10%、18.36%和 7.21%。2018 年各处理间 MDA 含量无显著差异（图 4－65）。

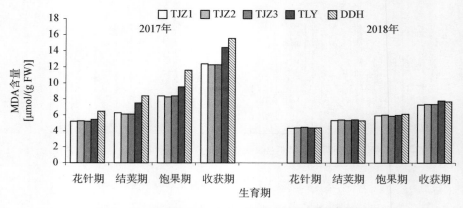

图 4－65 玉米花生间作对连作花生叶片 MDA 含量的影响

6. 玉米花生间作对连作花生主茎高和侧枝长的影响

与 DDH 处理相比，间作均能显著提高不同生育期花生主茎高和侧枝长；TLY处理显著提高了结荚期、饱果期和收获期的主茎高和侧枝长。与 TLY 处理相比，2017 年间作处理在花针期和结荚期提高了花生的主茎高和侧枝长，在饱果期和收获期无显著差异；2018 年 TLY 处理，不同生育期的主茎高和侧枝长无显著差异。由此可见，间作处理和 TLY 处理均可促进花生的营养生长，增加花生的主茎高和侧枝长。3 种不同玉米花生间作处理间没有显著性差异（表 4－78）。

表 4－78 玉米花生间作对花生主茎高和侧枝长的影响

单位：cm

生育期	处理	主茎高		侧枝长	
		2017 年	2018 年	2017 年	2018 年
花针期	TJZ1	21.00±1.32a	14.83±0.76a	23.67±1.04a	14.83±0.58a
	TJZ2	21.50±0.87a	14.50±0.50a	23.00±0.87a	14.50±0.87a
	TJZ3	21.50±1.50a	14.17±0.58a	24.17±1.04a	14.33±0.76a
	TLY	18.83±0.76b	12.83±0.29b	20.33±0.58b	14.17±0.76a
	DDH	18.83±0.77b	10.33±0.58b	19.83±0.76b	9.17±0.58b

（续表）

生育期	处理	主茎高		侧枝长	
		2017 年	2018 年	2017 年	2018 年
结荚期	TJZ1	37.17±1.26a	31.33±0.76a	38.33±0.76a	32.83±1.53a
	TJZ2	38.00±1.00a	31.17±1.04a	39.17±1.04a	32.67±1.04a
	TJZ3	36.67±1.26a	31.50±0.50a	38.00±1.50a	33.17±1.04a
	TLY	34.50±0.29b	31.83±0.76a	35.50±0.50b	33.00±1.32a
	DDH	32.17±0.76c	28.67±1.53b	33.67±0.76b	29.33±0.76b
饱果期	TJZ1	46.33±0.58a	41.50±0.50a	47.17±0.76a	43.50±0.50a
	TJZ2	45.67±0.76a	41.33±0.58a	46.83±0.76a	43.67±0.76a
	TJZ3	46.67±0.58a	41.33±1.04a	47.83±1.26a	43.67±0.76a
	TLY	46.67±0.17a	41.50±1.00a	46.17±0.76a	43.33±0.76a
	DDH	42.17±0.44b	35.83±1.04b	42.17±1.04b	38.67±0.58b
收获期	TJZ1	47.33±1.04a	44.50±1.00a	51.17±0.76a	48.33±0.76a
	TJZ2	47.17±0.76a	44.00±0.50a	49.83±0.76a	48.50±1.00a
	TJZ3	47.83±0.29a	43.83±1.04a	50.83±1.26a	48.50±0.87a
	TLY	46.67±0.29a	43.17±0.33a	46.00±1.00b	48.50±1.00a
	DDH	42.50±0.50b	38.00±0.50b	44.17±1.04c	41.67±0.29b

注：同一生育期同一列数据中不同小写字母表示差异显著（$P<0.05$）。

（五）玉米花生间作对连作花生干物质积累和品质的影响

1. 玉米花生间作对连作花生干物质积累的影响

干物质积累过程是花生生长发育的动态表现，也是形成产量的基础。2017—2018 年的干物质积累量变化趋势一致，随着生育期的推进，整株干物质积累量增加。与 DDH 处理相比，间作和 TLY 处理在花生不同生育期均显著增加了整株干物质积累量。饱果期，间作和 TLY 处理与 DDH 相比，花生根和茎干物质显著降低，而荚果重量显著增加；收获期，与 TLY 处理相比，间作提高了荚果干物质积累量。以上表明，间作处理促进了花生由营养生长向生殖生长的转变，且对提高花生荚果产量具有一定优势（表 4 - 79）。

表 4 - 79　玉米花生间作对花生干物质积累的影响

单位：g/株

年份	生育期	处理	根	茎	叶	果	整株
2017	花针期	TJZ1	1.30b	9.59b	6.01b		16.90b
		TJZ2	1.16b	9.48b	6.52a		17.16b
		TJZ3	1.63b	9.77b	5.97b		17.09b
		TLY	1.66a	10.45a	5.64b		17.73a
		DDH	1.76a	8.93c	5.11c		15.75c

（续表）

年份	生育期	处理	根	茎	叶	果	整株
2017	结荚期	TJZ1	1.30a	14.61a	11.96bc	7.36b	35.23a
		TJZ2	1.25a	13.57a	13.54a	7.51b	35.86a
		TJZ3	1.28a	13.52a	12.17b	8.07b	35.04a
		TLY	1.34a	13.53a	11.34c	8.85a	35.05a
		DDH	1.43a	11.20b	9.25d	6.58c	28.47b
	饱果期	TJZ1	1.29ab	14.20b	10.85a	18.20a	44.53a
		TJZ2	1.12b	13.94b	10.69a	17.71a	43.46a
		TJZ3	1.18b	15.50b	10.95a	15.51b	43.13a
		TLY	1.19b	14.33b	9.19b	18.80a	43.51a
		DDH	1.57a	18.18a	7.46c	12.09c	39.30b
	收获期	TJZ1	1.27b	14.59b	3.93a	33.35ab	53.15a
		TJZ2	1.40b	13.79b	3.75a	35.11a	54.05a
		TJZ3	1.45ab	14.53b	3.92a	33.47ab	53.36a
		TLY	1.80a	17.52a	3.49ab	32.09b	54.90a
		DDH	1.33b	13.54b	3.08b	23.81c	41.77b
2018	花针期	TJZ1	1.21b	7.66a	7.69a		16.56a
		TJZ2	1.10b	7.69a	7.49a		16.28a
		TJZ3	1.33a	7.56a	7.59a		16.49a
		TLY	1.09c	7.55a	7.07a		16.31a
		DDH	1.19b	5.49b	5.81b		12.48b
	结荚期	TJZ1	1.24a	11.95a	11.09a	8.55a	32.83a
		TJZ2	1.27a	11.83ab	10.81a	8.10a	32.01a
		TJZ3	1.42a	12.77ab	10.61a	8.59a	33.38a
		TLY	1.37a	12.64ab	10.24a	8.85a	33.10a
		DDH	1.25a	11.29b	8.76a	8.68a	29.97b
	饱果期	TJZ1	1.54ab	16.73a	13.07a	20.81b	52.15a
		TJZ2	1.85a	17.00a	12.89a	20.83b	52.56a
		TJZ3	1.31b	15.52a	12.69a	23.42a	52.94a
		TLY	1.63ab	16.78a	12.78a	21.70ab	52.89a
		DDH	1.49ab	16.99a	10.05b	15.63c	44.16b
	收获期	TJZ1	1.49a	17.65ab	10.00b	33.35a	63.02a
		TJZ2	1.65a	18.32a	9.66b	33.78a	62.65a
		TJZ3	1.79a	19.18a	10.06b	32.88a	64.18a
		TLY	1.67a	16.30b	12.44a	32.67a	62.69a
		DDH	1.73a	15.99b	9.80b	25.48b	53.12b

注:同一生育期同一列数据中不同小写字母表示差异显著($P<0.05$)。

2. 玉米花生间作对连作花生产量的影响

2017 年,与 DDH 处理相比,间作和 TLY 处理均显著提高了花生的荚果产量和籽仁产量,但各处理之间未达到显著差异水平;产量提升原因是增加单株结果数和出仁率,降低千克果数和千克仁数。2018 年,与 DDH 处理相比,间作和 TLY 处理也均显著提高了花生的荚果产量和籽仁产量,且 TLY 处理的产量显著高于间作处理;产量提升原因是增加单株结果数和出仁率,千克果数和千克仁数变化不大。综合来看,与连作花生相比,间作处理缓解花生连作障碍的效力、持续时间可能低于 TLY 处理(表 4-80)。

表 4-80　玉米花生间作对花生产量的影响

年份	处理	荚果产量 (kg/hm²)	籽仁产量 (kg/hm²)	千克果数 (个)	千克仁数 (个)	单株结果数 (个)	出仁率 (%)
2017	TJZ1	5 491.67a	3 951.54a	519.33b	1 325.33b	14.27b	71.96b
	TJZ2	5 591.67a	4 095.12a	520.00b	1 332.00b	15.67a	73.24a
	TJZ3	5 508.33a	3 976.51a	520.00b	1 324.00b	14.33b	72.19b
	TLY	5 516.67a	3 981.81a	519.00b	1 345.33b	13.73bc	72.18b
	DDH	4 858.33b	3 435.24b	545.33a	1 385.33a	12.87c	70.71c
2018	TJZ1	4 991.67b	3 539.32b	612.67a	1 310.67a	14.73a	70.90b
	TJZ2	5 075.00ab	3 616.52ab	613.33a	1 329.33a	14.27a	72.21a
	TJZ3	4 958.33b	3 508.07b	614.67a	1 337.33a	14.20a	70.75b
	TLY	5 233.33a	3 691.27a	615.33a	1 306.67a	14.53a	70.53b
	DDH	4 541.67c	3 122.13c	618.67a	1 310.67a	11.93b	68.74c

注:同一年份同一列数据中不同小写字母表示差异显著($P<0.05$)。

3. 玉米花生间作对连作花生品质的影响

与 DDH 处理相比,间作和 TLY 处理均显著提高了花生籽仁蛋白质和粗脂肪含量。其中,间作处理的蛋白质和粗脂肪含量平均分别提高了 11.66% 和 1.62%,TLY 处理分别提高了 5.53% 和 2.98%。间作处理利于提高花生蛋白质含量,而 TLY 处理利于提高粗脂肪含量(表 4-81)。

表 4-81　玉米花生间作对花生品质的影响

处理	蛋白质(%)	粗脂肪(%)	油酸/亚油酸
TJZ1	27.71a	54.67b	1.54d
TJZ2	27.71a	54.50b	1.57c
TJZ3	27.99a	54.37b	1.60b
TLY	26.32b	55.23a	1.51e
DDH	24.94c	53.63c	1.63a

注:同一列数据中不同小写字母表示差异显著($P<0.05$)。

脂肪酸组分是评价花生油脂营养价值的重要指标,其中油酸/亚油酸(O/L)值不仅能够体现营养价值,同时也是花生制品能否长期储存的关键指标。O/L 值呈现 DDH>TJZ3>TJZ2>TJZ1>TLY 的趋势。DDH 处理的硬脂酸、花生酸和油酸相对含量高,而棕榈酸、亚油酸和花生烯酸相对含量低;TLY 处理棕榈酸、硬脂酸和亚油酸相对含量高,油酸、花生烯酸和二十四烷酸相对含量低;间作处理处于两者之间(表 4-82)。

表 4-82 玉米花生间作对花生脂肪酸组分的影响

单位:%

处理	棕榈酸	硬脂酸	油酸	亚油酸	花生酸	花生烯酸	山嵛酸	二十四烷酸
TJZ1	10.85b	2.71c	48.93d	31.72b	1.26c	0.93a	2.36a	1.24a
TJZ2	11.08a	2.79b	49.20c	31.27c	1.29b	0.9b	2.28a	1.18ab
TJZ3	10.48d	2.77b	51.03a	30.33e	1.30b	0.95a	2.31a	0.82d
TLY	11.09a	2.85a	48.43e	32.06a	1.30b	0.87c	2.24a	1.16b
DDH	10.59c	2.82ab	50.11b	30.84d	1.33a	0.89bc	2.35a	1.06c

注:同一列数据中不同小写字母表示差异显著($P<0.05$)。

第五章

连作花生高产栽培技术

一、合理轮作与间作

　　在花生收获后至下茬花生播种前的一段时间种植一茬秋冬或早春作物,秋冬作物在入冬前或花生播种前收获或直接压青,相当于花生与其他作物进行了一茬轮作,以降低连作减产的幅度。宜冬前收获的作物有水萝卜、小白菜等,宜花生播种前收获的作物有大蒜、洋葱、油菜、菠菜、马铃薯等,还可种植小麦、绿肥等进行压青(图5-1～图5-10)。

图5-1　花生收获后(9月底10月初)种植油菜

图5-2　次年4月中旬油菜长势

图5-3　油菜盛花期后还田(4月底5月初)

图5-4　油菜还田后效果

图 5 - 5   油菜茬口花生播种

图 5 - 6   油菜茬口花生长势

图 5 - 7   花生茬种植大蒜

图 5 - 8   花生茬种植洋葱

图 5 - 9   花生茬种植菠菜

图 5 - 10   菠菜收获后整地

在花生生育期内,可与玉米、棉花等作物进行间作,次年种植带调换种植,以缓解连作障碍。玉米与花生间作模式较多,如玉米与花生行比为 2∶4、3∶4、3∶6、8∶8 等模式。黄淮地区宜先播春花生,留出空带后播玉米,玉米不晚于 6 月 15 日播种(图 5-11～图 5-16);东北一熟区可选择 8∶8 等大宽幅模式,玉米与花生同期播种(图 5-17、图 5-18);南方等其他区域因地制宜确定模式及播期。

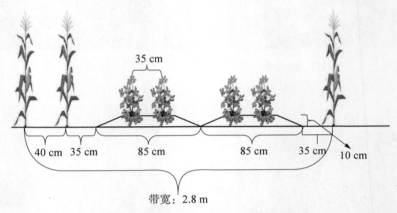

图 5-11 玉米与花生行比 2∶4 模式示意

图 5-12 玉米与花生行比 2∶4 模式田间种植

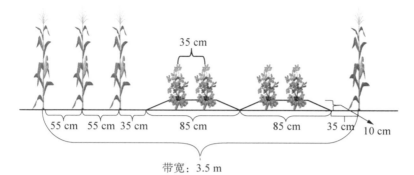

图 5 - 13 玉米与花生行比 3∶4 模式示意

图 5 - 14 玉米与花生行比 3∶4 模式田间种植

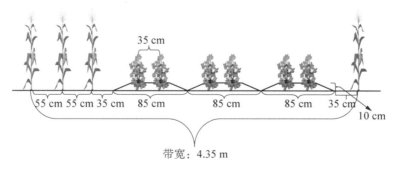

图 5 - 15 玉米与花生行比 3∶6 模式示意

图 5 - 16　玉米与花生行比 3∶6 模式田间种植

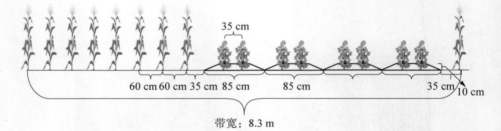

图 5 - 17　玉米与花生行比 8∶8 模式示意

图 5 - 18　玉米与花生行比 8∶8 模式田间种植

花生与棉花间作可选择行比为 4∶4、6∶4 等模式(图 5 - 19、图 5 - 20)。

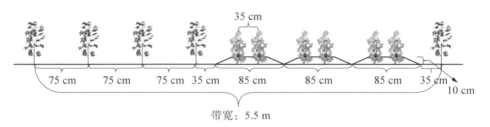

图 5 - 19　花生与棉花行比 6∶4 模式示意

图 5 - 20　花生与棉花行比 6∶4 模式田间种植

二、深耕改土

应强调冬前耕地,深度 30～33 cm,冻垡晒垡,翌年早春顶凌耙耱。对于土层较浅的地块,可逐年增加耕层深度(图 5 - 21～图 5 - 24)。

图 5-21　冬前深翻耕

图 5-22　冬前深翻耕后效果

图 5-23　冬前旋耕

图 5-24　播前旋耕

　　有条件的地区可采用土层翻转改良耕地法,即将 0~30 cm 土层的土向下平移 10 cm,而其下 30~40 cm 土层的土平移到地表。操作时尽量不要打乱原来的土层结构(图 5-25、图 5-26)。

图 5-25　土壤翻转深耕作业

图 5-26　土壤翻转深耕效果

三、合理施肥

根据地力和产量水平确定施肥量,连作花生田更应重视有机肥的施用。有条件的可施腐熟的高质量有机肥 $1\,000 \sim 1\,200\,kg/667\,m^2$ 或养分总量相当的其他有机肥。中高产田的化肥施用量可参考:氮(N)$8 \sim 10\,kg/667\,m^2$,磷(P_2O_5)$10 \sim 12\,kg/667\,m^2$,钾(K_2O)$8 \sim 10\,kg/667\,m^2$。全部有机肥和 $60\% \sim 70\%$ 的化肥结合耕地施用,$30\% \sim 40\%$ 的化肥结合播种集中施用。采用轮作的地块,深耕和施肥(花生有机肥基肥)可在轮作作物播种前进行,且应考虑前茬作物施肥情况,调整花生季施肥量(图 5-27～图 5-30)。适当施用硼、钼、锌、铁等微量元素肥料。有条件的可使用土壤调理剂或消减连作障碍的配方肥料等。

图 5-27　施用腐熟的有机肥

图 5-28　撒施腐熟的有机肥

图 5-29　人工撒施肥料

图 5 - 30　机械撒施肥料

四、品种选用及种子处理

选用耐重茬性好或抗旱耐瘠、适应性广的中熟或中晚熟品种,并通过省或国家登记。

剥壳前晒种 2～3 d,对种子进行驱虫和杀菌。播种前 10 d 内进行人工剥壳或机械剥壳(图 5 - 31、图 5 - 32)。机械剥壳前须剔除石块等坚硬的杂质。对于比较干燥的种子要先进行喷水湿润处理,用喷雾器均匀喷洒,以达到种子回潮为标准,然后再进行机械剥壳,以降低破损率。

图 5 - 31　人工剥壳　　　　　　　　图 5 - 32　小型机械剥壳

　　剔除虫食、发芽、腐烂、破损、种皮颜色不正常等不宜作种子的籽仁,并对种子进行分级。应先选用大而饱满的一级种作种子,再选用二级种,一级、二级种不要混播。或者直接采购商品种子(图 5 - 33、图 5 - 34)。

图 5 - 33　剔除发芽的种子

图 5 - 34　剔除颜色不正常及破碎的种子

　　连作花生田病虫害比较严重,根据土传病害和地下害虫常年发生情况,选择符合国家有关规定的杀虫、杀菌药剂进行拌种或种子包衣。拌种后切勿暴晒、堆闷,尽量使种子均匀散开,于阴凉干燥处晾干后即可播种(图 5 - 35)。

图 5 - 35　药剂拌种及晾干

五、播种

（一）适播条件

　　大花生宜在 5 cm 土层日平均地温稳定在 15 ℃以上、小花生稳定在 12 ℃以上时播种；高油酸花生应适当晚播，平均地温应稳定在 18 ℃以上。

　　北方春花生适宜在 4 月下旬至 5 月上旬播种，麦套花生在麦收前 10～15 d 套种，夏直播花生抢时早播。南方春秋两熟区，春花生宜在 2 月中旬至 3 月中旬、秋花生宜在立秋至处暑播种。长江流域春、夏花生交作区宜在 3 月下旬至 4 月下旬播种。

　　中高产田，播种时要求耕作层土壤手握能成团，手搓较松散，土壤相对含水量以 60%～70% 为宜（图 5-36、图 5-37）；丘陵旱薄地、沙滩地等低产田，应抢墒抢时播种。若遇春旱，应小水润灌或喷灌造墒，或采取播种时开沟、打孔浇水再播种的方法。切勿大水漫灌，以免地温回升慢而造成已播花生烂种和窝苗现象发生。

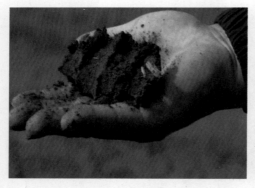

图 5-36　土壤手握能成团示意　　　　　　　　图 5-37　土壤手搓较松散示意

（二）种植规格

　　北方产区：垄距 85～90 cm，垄面宽 50～55 cm，垄高 8～10 cm，每垄 2 行，垄上行距 35 cm（图 5-38、图 5-39）。单粒播种时，穴距 10～12 cm，播深约 4 cm，每

667 m² 播种 13 000～16 000 穴。穴播 2 粒时,穴距 16～18 cm,每 667 m² 播 8 000～10 000 穴。南方产区:畦宽 120～200 cm(沟宽 30 cm),畦面宽 90～170 cm,播 3～6 行。

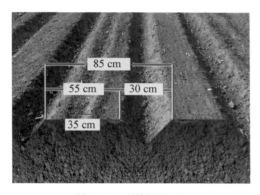

图 5-38　种植规格示意

图 5-39　田间起垄效果

(三) 播种与覆膜

选用农艺性能优良的花生联合播种机,根据种植规格和化肥施用量调好穴距、施肥器流量及除草剂用量,尽可能将施肥、起垄、播种、覆土、镇压、喷施除草剂、覆膜、膜上压土等工序一次完成(图 5-40～图 5-42)。播后垄沟喷施除草剂,防止垄沟草害(图 5-43)。

图 5-40　花生田间机械化播种(滚筒隔段覆土)

图 5-41　花生田间机械化播种(播种带覆土)

图 5-42 手扶拖拉机播种

图 5-43 垄沟喷施除草剂防杂草

六、田间管理

（一）破膜放苗，撤土引苗

　　对于膜上未覆土或者覆土较少，花生不能自行出苗时，要在花生幼苗顶土鼓膜刚见绿叶时，及时在苗穴上方将地膜撕开一个小孔，把花生幼苗从地膜中释放出来，避免地膜内湿热空气将花生幼苗烧伤。开膜孔时一定要小心，防止孔径过大、连续穴之间大面积扯破而失去地膜作用。应在膜孔上方压土，能够起到保护地膜和引升花生子叶节出膜的作用（图 5-44、图 5-45）。膜上覆土较为充足，花生能自行破膜出苗，出苗时应及时将膜上的覆土撤到垄沟内。连续缺苗的地方要及时补种。四叶期至开花前及时理出地膜下面的侧枝。

图 5-44 幼苗出土

图 5-45 破膜放苗及压土

（二）水分管理

花生是较为耐旱的作物，但为追求高产，生长期间干旱较为严重时应及时浇水。花针期和结荚期遇旱，中午叶片萎蔫且傍晚难以恢复，应及时适量浇水（图5-46）。饱果期（收获前1个月）遇旱应小水润浇。结荚后如果雨水较多，应及时排水防涝。

图5-46　花生田间缺水萎蔫表现

（三）病虫害防治

花生的叶部病害有叶斑病、炭疽病、白粉病、锈病、病毒病等。花生的虫害较多，如蚜虫、棉铃虫、蓟马、蛴螬、金针虫等。苗期若遇干旱，应以防蚜虫为主。要提早预防花生叶斑病等病害的发生和危害，从始花开始，以病虫综合防控为原则，合理搭配用药，减少田间操作次数（图5-47）；对于害虫危害，物理与化学方法相结合，可采用粘虫板、性诱剂等方式诱杀（图5-48、图5-49）；大面积生产

图5-47　人工喷洒农药

区宜飞防作业（图5-50），可节约成本，提高效率。若发现有蛴螬危害，要在花生封垄前，把喷雾器卸去喷头，用40％辛硫磷乳油1000倍液灌墩进行消杀（图5-51）。

图5-48　地上部虫害防治（粘虫板）

图5-49　地上部虫害防治（性诱剂）

图 5-50　病虫害飞防作业

图 5-51　灌根防治地下害虫

（四）防止徒长

　　因地制宜进行喷施化学药剂控制花生旺长,中高产田、雨水较多的地区花生容易徒长（图 5-52、图 5-53）,花生主茎高度达到 30～35 cm,应及时喷生长调节剂,施药后 10～15 d,如果主茎高度超过 40 cm 可再喷施一次。沙滩地、丘陵旱薄地等低产地块一般不进行化控（图 5-54、图 5-55）。

图 5-52　花生田间旺长倒伏现象

图 5-53　花生田间大面积倒伏

图 5-54　丘陵连作花生长势

图 5-55　山区连作花生长势

（五）追施叶面肥

花生在生育中后期植株有早衰现象的，每 667 m² 叶面喷施 2%～3% 的尿素水溶液或 0.2%～0.3% 的磷酸二氢钾水溶液 40 kg，连喷 2 次，间隔 7～10 d。也可喷施经行政主管部门登记的其他叶面肥料。

七、收获与晾晒

连作田花生成熟收获期地上部一般会变黄衰老，植株下部叶片逐渐脱落（图5-56、图5-57）。当大部分荚果果壳硬化、网纹清晰、果壳内壁呈青褐色斑块时，应及时收获、晾晒，尽快将荚果含水量降到 10% 以下（图5-58）。

图5-56　花生成熟期田间表现

图5-57　丘陵地块花生收获期地上部表现

图5-58　花生荚果成熟表现

八、清除残膜

花生收获后应及时清除、回收田间残膜,防止白色污染(图5-59、图5-60)。

图5-59 花生田间清除残膜

图5-60 回收残膜

主要参考文献

［1］毕晨.不同耕作方式与有机物料还田对连作花生土壤质量和产量的影响［D］.泰安：山东农业大学，2022.

［2］陈燕，杨佃卿，唐朝辉，等.不同杀菌剂及其喷施次数对连作旱地花生叶斑病和产量的影响［J］.山东农业科学，2021，53（6）：94－97.

［3］崔利，郭峰，唐朝辉，等.摩西斗管囊霉对连作花生叶片荧光参数及生理指标的影响［J］.中国油料作物学报，2020，42（5）：851－859.

［4］崔利，郭峰，张佳蕾，等.摩西斗管囊霉改善连作花生根际土壤的微环境［J］.植物生态学报，2019，3（8）：718－728.

［5］樊堂群，王树兵，姜淑庆，等.连作对花生光合作用和干物质积累的影响［J］.花生学报，2007，36（2）：35－37，40.

［6］封海胜，万书波，隋清卫，等.花生植株残体对连、轮作花生生育的影响［J］.花生科技，1997，（1）：11－15.

［7］封海胜，张思苏，万书波，等.花生不同连作年限土壤酶活性的变化［J］.花生科技，1994，（3）：5－9.

［8］封海胜，张思苏，万书波，等.花生连作对土壤及根际微生物区系的影响［J］.山东农业科学，1993，（1）：13－15.

［9］封海胜，万书波，左学青，等.花生连作土壤及根际主要微生物类群的变化及与产量的相关［J］.花生科技，1999，（S1）：277－283.

［10］封海胜，张思苏，万书波，等.解除花生连作障碍的对策研究Ⅰ.模拟轮作的增产效果［J］.花生科技，1996，（1）：22－24.

［11］封海胜，张思苏，万书波，等.解除花生连作障碍的对策研究Ⅱ.连作花生专用肥的增产效果［J］.花生科技，1996，（2）：14－17.

［12］封海胜，张思苏，万书波，等.解除花生连作障碍的对策研究Ⅲ.微生物调节剂的增产效果［J］.花生科技，1996，（3）：13－16.

[13] 封海胜,张思苏,万书波,等.连作花生土壤养分变化及对施肥反应[J].中国油料, 1993,(2):55-59.

[14] 封海胜,张思苏,万书波,等.土层翻转改良耕地法解除花生连作障碍的效果研究初报 [J].花生科技,1992,(3):14-16.

[15] 封海胜,张思苏,万书波,等.土壤微生物与连、轮作花生的相互效应研究[J].莱阳农学 院学报,1995,(2):97-101.

[16] 冯昊,孙强,赵品绩,等.石灰氮与氮肥不同配比对连作花生病害及产量的影响[J].山 东农业科学,2018,50(6):140-144.

[17] 冯烨,郭峰,李新国,等.我国花生栽培模式的演变与发展[J].山东农业科学,2013,45 (1):133-136.

[18] 郭峰,李庆凯,么传训,等.不同拌种剂对连作花生出苗质量、叶部病害及产量的影响 [J].山东农业科学,2020,52(3):117-120.

[19] 郭峰,万书波,杨莎,等.一种玉米间作播种机:201420686843.7[P].2015-03-25.

[20] 郭峰,万书波,李新国,等.一种春花生-夏玉米套作种植方法:201410193520.9[P]. 2015-12-09.

[21] 康建明,万书波,彭强吉,等.一种具有碎土功能的深翻犁:202111601766.1[P].2022- 07-19.

[22] 李金融.不同耕作方式缓解花生连作障碍的作用机理研究[D].泰安:山东农业大 学,2019.

[23] 李庆凯.玉米//花生缓解花生连作障碍机理研究[D].长沙:湖南农业大学,2020.

[24] 李艳红.前茬作物对连作花生生理特性、产量和品质的调控作用[D].泰安:山东农业大 学,2013.

[25] 李艳红,杨晓康,张佳蕾,等.连作对花生农艺性状及生理特性的影响及其覆膜调控 [J].花生学报,2012,41(3):16-20.

[26] 刘辰,孙奇泽,高波,等.石灰氮对连作花生生理特性及产量的影响[J].花生学报, 2015,44(2):24-29.

[27] 刘美昌,郑亚萍,王才斌,等.连作对花生生育的影响及其缓解措施研究[J].中国农学 通报,2006,22(9):144-148.

[28] 刘苹,赵海军,万书波,等.基于化感自毒作用的花生连作障碍调理剂及其施用方法: 201510515278.7[P].2018-07-10.

[29] 刘妍.冬闲期耕作方式对连作花生土壤微环境、生理特性、产量和品质的影响[D].泰 安:山东农业大学,2018.

[30] 刘妍,刘兆新,何美娟,等.冬闲期耕作方式对连作花生叶片衰老和产量的影响[J].作 物学报,2019,45(1):131-143.

[31] 刘妍,刘兆新,何美娟,等.不同栽培方式对连作花生生理特性、产量及品质的影响[J].花生学报,2018,47(2):41-46.

[32] 刘艳玲.绿肥压青和土壤改良剂对连作花生土壤微环境和产量品质的影响[D].泰安:山东农业大学,2022.

[33] 潘小怡.小麦压青和生物菌肥对连作花生土壤理化性质和产量形成的影响[D].泰安:山东农业大学,2021.

[34] 山东省花生研究所连作课题组.连作花生高产(4 500 kg/hm² 以上)栽培技术规范[J].花生科技,1995,(1):26-27.

[35] 孙秀山,封海胜,万书波,等.连作花生田主要微生物类群与土壤酶活性变化及其交互作用[J].作物学报,2001,(5):617-621.

[36] 孙秀山,许婷婷,冯昊,等.不同种类肥料单配施对连作花生生长发育的影响[J].山东农业科学,2018,50(6):135-139.

[37] 孙彦浩,王才斌,陶寿祥,等.花生覆膜连作效应研究初报[J].山东农业科学,1989,(1):32-34.

[38] 唐朝辉,郭峰,张佳蕾,等.甘薯花生轮作对花生生理及产量品质的影响[J].中国油料作物学报,2020,42(6):1002-1009.

[39] 唐朝辉,郭峰,张佳蕾,等.花生连作障碍发生机理及其缓解对策研究进展[J].花生学报,2019,48(1):66-70.

[40] 唐朝辉,郭峰,万书波,等.一种缓解花生连作障碍的种衣菌剂及其制备方法:202010559892.4[P].2021-05-18.

[41] 唐朝辉,郭峰,万书波,等.一种通过油菜和洋葱联合压青解除花生连作障碍的方法:201910904207.4[P].2021-03-23.

[42] 万书波,郭峰,李宗新,等.一种夏玉米夏花生间作种植方法:201310715241.X[P].2015-07-08.

[43] 万书波,王才斌,卢俊玲,等.连作花生的生育特性研究[J].山东农业科学,2007,(2):32-36.

[44] 王才斌,吴正锋,成波,等.连作对花生光合特性和活性氧代谢的影响[J].作物学报,2007,33(8):1304-1309.

[45] 吴正锋,成波,王才斌,等.连作对花生幼苗生理特性及荚果产量的影响[J].花生学报,2006,35(1):29-33.

[46] 姚远.花生、玉米不同间作方式对连作花生生理特性及产量品质的影响[D].泰安:山东农业大学,2017.

[47] 杨坚群.玉米花生间作对缓解花生连作障碍的作用机理研究[D].泰安:山东农业大学,2019.

[48] 杨坚群,甄晓宇,栗鑫鑫,等.不同耕作方式对花生生理特性、产量及品质的影响[J].花生学报,2019,48(1):9-14.

[49] 张思苏,封海胜,万书波,等.花生不同连作年限对植株生育的影响[J].花生科技,1992,(2):21-23.

[50] 郑亚萍,王才斌,黄顺之,等.花生连作障碍及其缓解措施研究进展[J].中国油料作物学报,2008,30(3):384-388.